U0179652

人人学茶

Dark Tea

第一次 品黑茶就上手

图解版

第2版

朱旗 主编 胥伟 副主编

本书内容系统全面，介绍了黑茶的产区、茶种等黑茶之源；从健康与品饮的角度，介绍了黑茶的制茶工艺，尤其是作为非物质文化遗产的黑茶花卷茶、工艺创新的金花茯砖。作者以科学数据加以阐发，充分说明了黑茶是健康的茶饮；从理性思辨的视角，阐述了黑茶的仓储与收藏；从健康时代的健康需求出发，讲解了黑茶多姿多彩的品饮方式与品鉴方法。这本融知识性、专业性于一体的通俗易懂的黑茶科普书籍，能更好地满足黑茶爱好者对黑茶知识的学习要求和期望。

策　　划：赖春梅
责任编辑：赖春梅
封面摄影：云之上·有好茶/彭力生

图书在版编目(CIP)数据

第一次品黑茶就上手：图解版 / 朱旗主编. --2版
. -- 北京 : 旅游教育出版社，2021.5
（人人学茶）
ISBN 978-7-5637-4236-3

Ⅰ．①第… Ⅱ．①朱… Ⅲ．①品茶—中国—图解
Ⅳ．①TS971.21-64

中国版本图书馆CIP数据核字(2021)第070871号

人人学茶
第一次品黑茶就上手（图解版）
（第2版）

朱　　旗◎主编

胥　　伟◎副主编

出版单位	旅游教育出版社
地　　址	北京市朝阳区定福庄南里1号
邮　　编	100024
发行电话	(010)65778403　65728372　65767462(传真)
本社网址	www.tepcb.com
E-mail	tepfx@163.com
排版单位	北京卡古鸟艺术设计有限责任公司
印刷单位	天津雅泽印刷有限公司
经销单位	新华书店
开　　本	710毫米×1000毫米　1/16
印　　张	13.75
字　　数	193千字
版　　次	2021年5月第2版
印　　次	2021年5月第1次印刷
定　　价	59.00元

（图书如有装订差错请与发行部联系）

编委会
EDITORIAL BOARD

作者简介
ABOUT THE AUTHORS

主编

朱旗，博士，湖南农业大学茶学系国家二级教授、博士生导师。1981年毕业于湖南农学院茶学专业。曾在美国、英国、日本等国家研修并做高级访问学者。现为湖南省茶叶协会副会长，中国茶叶学会和中国茶叶流通协会专家委员会委员。从教40年，主要从事茶学教学、科研和开发工作。曾主持国家、湖南省等自然基金项目，参加国家科技攻关、湖南省"十五"科技重大专项等课题研究。获国家科技进步二等奖2项，湖南省委科技进步一等奖3项，湖南省科委科技进步二等奖1项，湖南省科委科技进步三等奖3项，发表研究论文100余篇。主编国家"十二五"、"十三五"规划教材《茶学概论》、《中国茶全书－科技卷》、《识茶 饮茶 黑茶》；参编21世纪教材《茶叶加工学》、《园艺学概论》，以及《茶作学》、《风味化学》、《中国茶产品加工》等10余部教材和专著。

副主编

胥伟：茶学博士，四川农业大学茶学系青年教师，四川省专家服务团专家，四川省科技特派员马边团副团长，四川省"三区"科技人才，四川省藏茶产业工程技术研究中心专家，攻读博士学位期间师从朱旗教授。参与起草边销茶国家标准2项，编写省部级规划教材1部、茶学科普系列读物2部；主持省级科研项目3项、主研国家重点研发课题1项、国家自然科学基金面上项目1项、四川省重点研发项目4项；在国内外重要期刊上发表黑茶系列学术论文多篇。

　　黑茶是我国六大茶类中的独特茶类，过去叫"边销茶"，即销往边疆地区的茶叶，主要是供边疆游牧民族饮用。茫茫大草原上放牧的人们，喝水是奶，吃饭则是肉，要消化过多的脂肪、蛋白质必须饮用黑茶，因此，黑茶是游牧民族生活中的必需品。在物质不丰富的年代，内地的人们对黑茶是没有概念的，因为吃不饱，也就无需助消化了。改革开放所带来的变化是巨大的，今天中国人已享受到改革开放的成果，其中膳食结构的改善就是证明。但伴随着食物的丰富和劳动强度的下降，不知不觉"现代病"在中国人群中不断增加。因此，昔日在边疆游牧民族生活中不可缺少的黑茶，引起了人们极大的关注。2017年《第一次品黑茶就上手》（图解版）出版，在一定程度上满足了人们对黑茶了解的需求。

　　第一版的发行过了5个年头，此次再版，出版社考虑丛书内容的系统性，本书中删除了普洱茶的内容。经与编者们的沟通与商议，决定在保留第一版主体内容的基础上，对相关内容进行了修订与增补，如增加了安化地理环境介绍，便于人们对湖南安化黑茶的区域地理环境有直观的认识；由于在黑茶类品质形成过程中微生物起到十分重要的作用，二版内容增加了微生物的产生与工艺、微生物的种类与作用、微生物与黑茶品质的关系等，并增加了微生物的图片；对黑茶收藏等问题，提出了编者的建议，供人们参考。相关内容的修订和补充，特别是一些黑茶最新的研究成果，有助于读者对黑茶有更深的了解。期望这本融知识性、专业性于一体的通俗易懂的黑茶书籍，能更好地满足广大黑茶爱好者对黑茶知识的学习要求和期望。但由于编者的知识水平有限，书中不妥之处在所难免，诚恳希望广大读者提出宝贵意见。

目　录
CONTENTS

第一篇

溯源：黑茶的丝绸之路与茶马古道

　　茶，东方的神秘树叶，原产于中国云贵高原，而中华五千年的茶文化历史告诉我们，茶是中国人最先发现并加以利用的。数千年的荏苒时光，茶已漂洋过海进入五洲，目前世界上但凡有茶的地方都是直接或间接从中国引入的。探寻茶的源头和传播足迹，有利于现代的人们更好地认识它。

一、远去的丝绸之路

汉朝张骞出使西域，开通了陆上丝绸之路，这条横贯亚洲的经济动脉主要流通的货物是丝绸，故称为丝绸之路。但该运输路线上的货物并非只有丝绸。吕振羽的《简明中国通史》载："番客、胡贾，及阿拉伯、波斯来华的外商，他们主要贩运各地珍宝……非中国所产的东西来华，把中国的金、银、茶、瓷器、纸笔、药品等运回各地。"故古代中国茶叶的贩运和出口主要通过丝绸之路进入西北，再进入亚欧各国。随着社会的发展及新的交易路径的启用，这条曾连接亚欧两大大陆板块的商贸通道逐渐退出历史舞台，淡出了人们的视线。

丝绸之路一词最早来自于德国地理学家费迪南·冯·李希霍芬（Ferdinand von Richthofen）于1877年出版的《中国——我的旅行成果》，德文名为：Die seidenstraße，简称丝路。李希霍芬原音译名本为栗希霍芬，后听从朋友建议，为与当时清朝重臣李鸿章同姓而改名为李希霍芬，以期为自己的中国之旅带来便利。时代变迁，物是人非。如今，当人们说到"丝绸之路"时，则是指起始于古代中国，连接亚洲、非洲和欧洲的古代商业贸易路线，与南方的茶马古道形成呼应。由于路径不同，狭义的丝绸之路一般指陆上丝绸之路，而广义上讲又分为陆上丝绸之路和海上丝绸之路。

历史学家研究认为，西汉的张骞和东汉的班超出使西域，以长安（今西安）、洛阳为起点，经甘肃、新疆，到中亚、西亚，并联结地中海各国形成的陆上通道被称为"陆路丝绸之路"，即西北丝绸之路，以区别日后两条冠以"丝绸之路"名称——西南丝绸之路、南方海上丝绸之路——的交通路线。由于这条西行路线货物中丝绸制品的影响最大，故得此名。汉武帝派张骞出使西域形成其基本干道。它以西汉时期长安为起点（东汉时为洛阳），经河西走廊到敦煌，分为南道、中道、北道三条路线。

北线：由长安（东汉时由洛阳至关中）沿渭河至虢县（今宝鸡），过汧县（今陇县），越六盘山，沿祖厉河，在靖远渡黄河至姑臧（今武威），路程较短，沿途供给条件差，是早期的路线。

南线：由长安沿渭河过陇关、上邽（今天水）、狄道（今临洮）、枹罕（今河州），由永靖渡黄河，穿西宁，越大斗拔谷（今扁都口）至张掖。

中线：与南线在上邽分道，过陇山，至金城郡（今兰州），渡黄河，溯庄浪河，翻乌鞘岭至姑臧。南线补给条件虽好，但绕道较长，因此中线后来成为主要干线。

南北中三线会合后，由张掖经酒泉、瓜州、敦煌至葱岭（今帕米尔）或怛罗斯（今江布尔）。由玉门关、阳关出西域又分为三道。

起始进入西域分为两道。南道西逾葱岭则出大月氏、安息。北道西逾葱岭则出大宛、康居、奄蔡（黑海、咸海间）。北道上

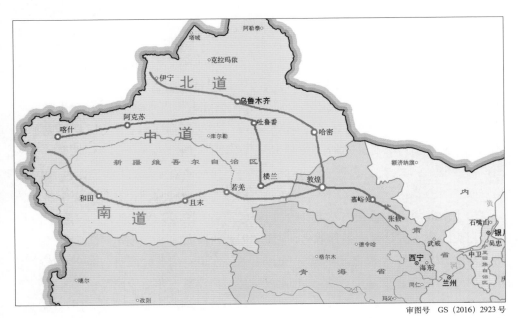

审图号　GS（2016）2923 号

由敦煌出境的三条茶马古道示意图

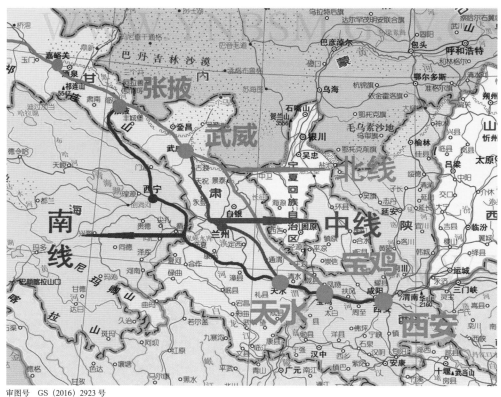

审图号 GS（2016）2923 号

西安至敦煌南中北三线示意图

有两条重要岔道：一是由焉耆西南行，穿塔克拉玛干沙漠至南道的于阗；一是从龟兹（今库车）西行过姑墨（阿克苏）、温宿（乌什），翻拔达岭（别垒里山口），经赤谷城（乌孙首府），西行至怛罗斯。

由于南北两道穿行在白龙堆、哈拉顺和塔克拉玛干大沙漠，条件恶劣，道路艰难。东汉时在北道之北另开一道，隋唐时成为一条重要通道，称新北道。原来的汉北道改称中道。

新北道由敦煌西北行分为两段，东段经伊吾（哈密）、蒲类海（今巴里坤湖）、北庭（吉木萨尔）、轮台（半泉）、弓月城（霍城）、碎叶（托克玛克）至怛罗斯。西段由葱岭（或怛罗斯）至罗马。由于西段涉及范围较广，包括中亚、南亚、西亚和欧洲，并且历史上由于国家众多，民族关系复杂，路线常有变化，因此西段大体可分为南、中、北三道：

南道：由葱岭西行，越兴都库什山至阿富汗喀布尔后分两路，一条西行至赫拉特，与经兰氏城而来的中道相会，再西行穿巴格达、大马士革，抵地中海东岸西顿或贝鲁特，由海路转至罗马；另一线从白沙瓦南下抵南亚。

中道（汉北道）：越葱岭至兰氏城西北行，一条与南道会，另一条过德黑兰与南道会。

北新道：也分两支，一道经钹汗（今费尔干纳）、康（今撒马尔罕）、安（今布哈拉）至木鹿与中道会西行；一道经怛罗斯，沿锡尔河西北行，绕过咸海、里海北岸，至亚速海东岸的塔那，由水路转刻赤，抵君士坦丁堡（今伊斯坦布尔）。

因此，"陆上丝绸之路"是由中国腹地连接欧洲诸地的陆上商业贸易通道，是一条东方与西方之间实现经济、政治、文化交流的主要道路。

"海上丝绸之路"是古代中国与外国交通贸易和文化交往的海上通道，该路主要以南海为中心，所以又称南海丝绸之路。历代海上丝路，亦可分三大航线：

①东洋航线由中国沿海港至朝鲜、日本；②南洋航线由中国沿海港至东南亚诸国；③西洋航线由中国沿海港至南亚、阿拉伯和东非沿海诸国。海上丝绸之路形成于秦汉时期，发展于三国至隋朝时期，繁荣于唐宋时期，转变于明清时期，是已知的最为古老的海上航线。

"丝绸之路"已经成为历史，但其在中国历史上开始的中西文明的接触碰撞，并在以后的历次碰撞中相互激发、相互学习，互相从对方的体系中汲取本文化发展需要的养分，相互滋润，使人类在征服与被征服中不断向前发展。

在21世纪的今天，中国经济发展保持强劲、可持续、平衡增长势头，为继承古"丝绸之路"的精神、文化和理念，中华人民共和国主席习近平提出了构建新"一带一路"的设想，让中国改革开放的成果惠及丝路沿线国家、地区

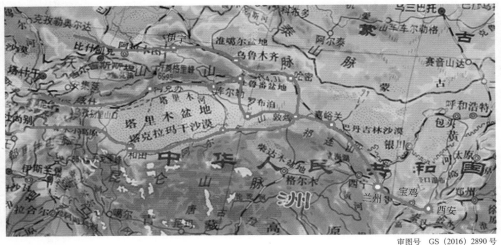

审图号 GS（2016）2890号

古丝绸之路的路线标注

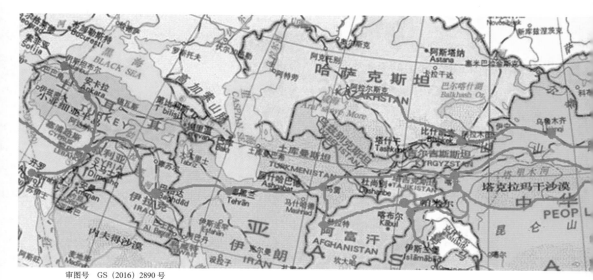

审图号 GS（2016）2890号

古丝绸之路欧亚连接路线示意图

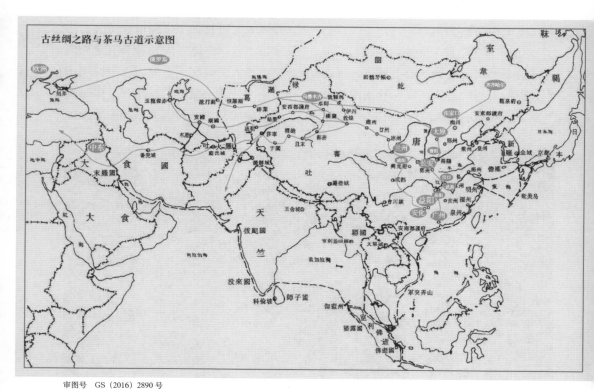

审图号 GS（2016）2890号

古丝绸之路与茶马古道示意图（摄于益阳茶厂博物馆）

和全世界，倡议的提出立即得到相关国家和地区的高度评价和拥护。2014 年 6 月 22 日中、哈、吉三国联合申报的陆上丝绸之路的东段"丝绸之路：长安—天山廊道的路网"成功申报为世界文化遗产，成为首例跨国合作而成功申遗的项目。我们深信新的"丝绸之路"将超越古"丝绸之路"。在"一带一路"的架构下，我们深信 2016 杭州 G20 峰会主题愿景"构建创新、活力、联动、包容的世界经济，中国智慧将引领世界经济的发展"必定实现。

二、尘封的茶马古道

当人们说起茶马古道时，仿佛是为现代人打开了一道尘封的历史门扉。茶马古道是指以马帮为主要交通工具的民间国际商贸通道，是我国内地与边区及国外开展经济文化交流的走廊，它源于古代西南边疆和西北边疆的"茶马互市"。"茶马互市"起源于唐、宋时期，是中国西部历史上汉民族与少数民族间一种传统的以茶易马或以马换茶为中心内容的贸易往来，即古代中原地区与西北少数民族地区商业贸易的主要形式，实际上是中央政府在尚不具备征税条件的西部游牧民族地区实行的一种财政措施。

和丝绸之路一样，古代的茶马古道有三条：第一条是陕甘茶马古道，是中国内地茶叶西行并换回马匹的主道；第二条是陕康藏茶马古道（也称蹚古道），主要由陕西人开辟；第三条是滇藏茶马古道。

陕甘茶马古道是陕西商人在西北进行茶马互市的线路，从长安、汉中到甘肃、宁夏、新疆，到唐朝时，与丝绸之路相连，走向中亚、欧洲，成为丝绸之路的主要路线之一。其路线分为①沿褒斜道经留坝、凤县、两当到达天水。到天水后又分为两路：一路经清水到达庄浪等地；另一路经甘谷、武山、陇

2017 年蒙顶山国际茶文化旅游节上的背夫表演

康藏茶马古道背夫雕塑

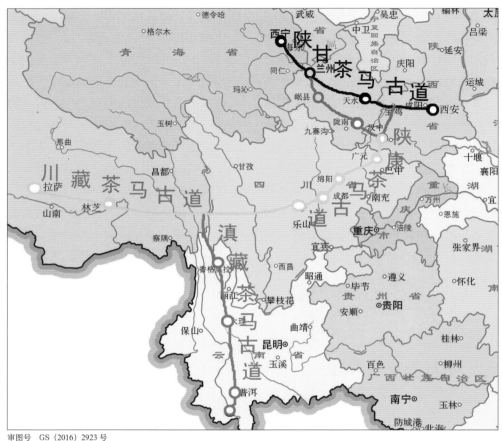

审图号 GS(2016)2923号

陕甘、陕康川藏、滇藏茶马古道

西、临洮到达临夏(古称河州)地区。②经勉县、略阳、徽县、成县、岷县到达临潭一带(临潭古称洮州)。茶叶到达临夏、临潭等地后,一部分就地销售,一部分转销至河西走廊、塔里木盆地,乃至走出国门。

陕康藏茶马古道——蹚古道,始于汉唐,也是由陕西商人与古代西南边疆人民的茶马互市形成。由于明清时政府对贩茶实行政府管制,贩茶分区域,其中最繁华的茶马交易市场在康定,称为蹚古道。川藏茶马古道是陕康藏茶马古道的一部分,始于唐代,东起雅州边茶产地雅安,经打箭炉(今康定),西至西藏拉萨,最后通到不丹、尼泊尔和印度,全长近4000余公里,已有1300多年历史,是古代西藏和内地联系必不可少的桥梁和纽带。

滇藏茶马古道大约形成于公元6世纪后期,它南起云南茶叶主产区思茅、普洱，中间经过今天的大理白族自治州和丽江地区、香格里拉进入西藏，直达拉萨。和川藏茶马古道一样，到达西藏的茶叶会转口印度、尼泊尔。滇藏茶马古道是古代中国与南亚地区间一条重要的贸易通道。

其实，历史上的茶马古道并不止一条，而是一个庞大的交通网络。它是以川藏道、滇藏道与青藏道（甘青道）三条大道为主线，辅以众多的支线、附线构成的道路系统。使我国南方生产的茶叶，经由车、船、马、骆驼等不同的运输方式历经路途不同的古道地跨川、滇、青、藏，向外延伸至南亚、西亚、中亚和东南亚，远达欧洲。

三、惊叹丝路神秘茶

1988年初，日本丰茗会董事长松下智先生在中国河西走廊行走调研，发现当地人饮用一种茶叶——茯砖茶，湖南安化生产的一种黑茶。经了解，该茶具有消食去腻、减肥瘦身的神奇功效，松下智先生惊叹之余称其为"中国古丝绸之路上的神秘之茶"，并引进茶到日本，成为日本目前流行的纯天然保健饮料。由此，安化黑茶进入了现代国际市场，它所行走的茶马古道和跨越的丝绸之路让人们认知了安化黑茶

1985年日本友人松下智先生参观访问安化试验茶场

的悠久历史。

安化黑茶在明朝靖嘉初年已为世人所知，万历年间（1573-1620年）成为官茶，是朝廷以茶易马的茶品。由此，陕甘晋茶商领取茶引来到安化安营扎寨，开辟了长达三百多年的安化黑茶之路，在民族贸易史上打下了深深的烙印。

安化黑茶在历史上的主要消费对象是西北民族。要了解安化黑茶的运销历史，应了解数百年来西北茶市的变迁。

西北地区饮茶习俗之起至少在唐代。《唐国史补》中记载：寿春、顾渚、蕲门的茶叶，此时已流传至西藏藩地。皖苏浙徽的茶，成为西藏上层阶级席上的饮品。宋朝真宗时期，川陕及其南边省份的茶，都曾用于与西北民族易马。而湖茶成为主角，如本文开头所述，则始自明朝万历。到清雍正年间，湖茶达到顶峰，独霸官茶。清朝西北的销茶地，以长城的古北口、喜峰口等关口为界，分为口外

茶引

"引"是商人从事商品贸易的纳税凭证，最早实行茶引法是在北宋末年。因当时茶叶贸易兴盛，逐渐引起朝廷的重视并把茶税作为重要的税源。其时规定茶叶不准私相交易，概由官府收买。茶农所产之茶，缴纳一定的税金或茶叶实物税后，由官府统一收购，商人经营茶叶必须先到京师榷茶处缴纳税金，领取"引票"，再到指定的茶场收购茶叶，在禁榷之地（即官卖区域）以外的地区销售，并规定在一定的期限之内将茶销售完毕，将引交还。卖不完延期须申请批准，到期不交还引者治罪。每引又规定了重量和规格，盛茶的笾篓都由官府统一制造出卖，并规定大小之式，严格封印之法，用火印熏记题号以作为标记。这种仿照"盐引之法"由商人经营的茶叫"引茶"。宋朝规定引分长引和短引，长引120斤，允许商人在外地贩卖，短引25斤，只限在本地贩卖。清朝以笾制为单位，官茶通过蒸晒，都是统一的笾篓封装，每5斤为一包，200包即为一引，并按照茶叶质量之优次等级印烙笾上，写上商人的名字，以备查验。自湖南黑茶正式定为"官茶"后，商人便领引至安化等地进行采购。"引"又分为"甘引"和"陕引"。"甘引"系粗老的黑毛茶叶，笾篓踩成大包（每包90千克），运往陕西泾阳，做茯砖原料，以兰州为主要市场。"陕引"的茶叶品质较嫩，用笾篓装（每包重约80千克），运往晋、陕、察、绥等省，以西安、太原为主要市场。

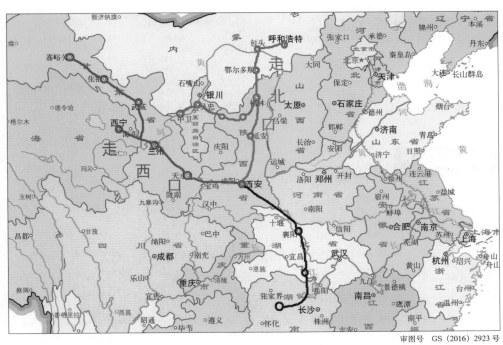

审图号　GS（2016）2923号

安化黑茶走北口与走西口路线图

与口内，口外又有西口与北口之分。走
北口的茶，经行陕西榆林、定边、靖边、
神木等县，主要销往内蒙古的呼和浩特、
包头与宁夏的中卫、平罗等处。走西口
的茶，由甘肃酒泉、西宁销往西北，其
中又分为官茶（主要指泾阳砖）与其他
茶类，官茶的主要销售区域为青海、陇
南、河西及新疆东部。清代销售至西北
的茶，除湖茶外，亦有东南和西南各省
的茶。青海的南部和东南部，就行销
川康边茶。四川松潘茶在历史上影响
很大。

历史上，安化销往西北的黑茶大致
可分为甘引、陕引、花卷茶三种，陕引
销往山西、陕西、内蒙古等地，而以西
安、太原为市场；甘引销往新疆、西藏、
青海及蒙古、苏俄境内，而以兰州为市
场；花卷茶销往山西、宁夏、河北及内
蒙古，而以太原为市场。运销茶路大致
有二：一为安化—益阳—襄樊—泾阳—
兰州线。茶叶从安化顺资江运至益阳，
由益阳换大帆船运至湖北沙市，经天门
樊城至老河口，改用马驮，马车经龙驹
寨运至西安，甘引则直运泾阳。二为安
化—益阳—汉口—郑州—泾阳—兰州线。
光绪三十二年（1906年），京汉铁路通
车，由安化水运至益阳的黑茶换大船运
至汉口，沿铁路将花卷茶运至河北之正

定，转正太路车至太原，陕引、甘引至河南省之郑州，转陇海路车到西安咸阳，甘引再换汽车或马车（马驮）至泾阳，在泾阳压制成砖，再运兰州。安化黑茶经火车运输的历史，则早在1902年，汉口至信阳铁路通车之际。抗战时期，中原为日寇所据，彭先泽等开辟了新茶路：一为安化—益阳—安乡—宜昌—重庆—泾阳—兰州，二为安化—烟溪—溆浦—保靖—重庆—泾阳—兰州。

● **延伸阅读**

宋至清茶马贸易

宋代熙宁（1068—1077年）以前，西北茶叶贸易仅作为一般民间贸易而存在。熙宁以后，中央政府在甘肃、陕西、宁夏等地设立茶马司，以茶易马。市场范围包括甘肃、青海、陕西、宁夏、内蒙古。宋高宗绍兴年间北地沦陷后，西北茶叶市场改为四川。元代在甘肃陇南设置专卖局，此地历元明清三代，一直是南方茶叶运销西北的枢纽。明朝先后在天水、临潭、临夏、西宁、张掖、兰州等地设茶马司，方便边区少数民族以马换茶。1563年后，兰州逐渐成为西北茶叶交易的主要市场。清朝初年，承明朝旧例，设茶马司于临潭、临夏、西宁、张掖、兰州等五处，但易马而马不至，致使仓库里茶叶堆积如山，无法清理。纵观清代西北的重要茶市，在甘肃为兰州，在陕西为西安，而呼和浩特是内蒙古、蒙古和新疆茶叶消费的转运地。根据历史资料，明代西北一年销售的官茶，在洪武初年（1368年）在五万担以上，其后逐渐减至一万多担。究其原因，与私茶的销售增长不无关系。洪武三十年（1397年），驸马都尉欧阳伦因贩卖私茶，被明太祖下令处死，然私茶仍不能禁。清朝西北销茶增多，乾隆五十七年（1792年），西宁、张掖、兰州三茶马司的销量达到惊人的330万担。而早在乾隆二十七年（1762年），五大茶马司已经裁减至三个。

以茶博马

	约30余贯买1马	需钱90余万贯	每年官铸钱仅百余万贯
每年买边马约3万匹	约30匹绢买1马	需绢90万匹	国库年收绢1200匹
	50公斤茶换4尺 4寸大马1匹	需茶150万公斤	蜀茶年产约1500万公斤

宋代，官府在雅州设立"茶马司"专管茶马贸易，这里本是汉、藏、彝、羌等民族杂居地，境内设置有汉藏茶马贸易的"博易场"，用名山茶博马最受吐蕃欢迎。

以茶易马等价交换图（2017年作者摄于蒙顶山茶史博物馆）

陕西官茶票影印版

四、湖南黑茶历史

（一）明朝黑茶历史

黑茶只是我国六大茶类中的一类茶品，但说到黑茶，湖南的黑茶从历史、产品种类和文化都值得一提。

"黑茶"一词最早出现在明嘉靖三年（1524年），具体时间已不可考，御史陈讲疏奏称："商茶低伪，悉征黑茶"，此为现可考最早出现黑茶一词的史籍。从现有资料来看，陈讲疏提到的"黑茶"，当是有别于大宗边茶的另一种性质相同而品质更优的商品茶。而《甘肃通志·茶法》载："安化黑茶，在明嘉靖三年以前，开始制造。"根据《明史·食货志》："神宗万历十三年（1585年），中茶易马惟汉中保宁，而湖南产茶值贱，商人率越境私采。"也就是到了（距嘉靖三年）

60年后，湖南所产茶品因其价廉物美，对边销茶主产地的汉中茶和保宁茶产生严重冲击，才引起朝廷的重视，并以次要地位列入官茶，参与以茶换马。安化黑茶以"湖茶"之名销往西北，始于明万历年间。到清雍正年间，西北的官茶已经全部是"湖茶"。"湖茶"从此代称为"官茶"，仅指以安化原料加工成的泾阳砖。泾阳砖是从安化运送黑茶原料到陕西泾阳后加工而成的手工紧压纸封茶，由陕西巡抚司监制。因出自官府，故又称"府茶"，其色黑，亦称"黑茶"。乾隆年间，西北年销官茶和私茶（商茶）约300万担，其中安化黑茶（亦"官茶"）约占十分之一。

在封建王朝，凡一方之土特产，要将最新、最好的向朝廷交纳，供皇族使用，称之为贡赋。历史上黑茶是安化的特产。地方向朝廷贡献方物，是为贡品，安化黑茶中品质优良的产品也就成为贡赋之物。黑茶产品品种较多，其中以天尖、贡尖为上品，花卷和引包为大宗。天尖、贡尖和千两茶（大的花卷）都有入贡。天尖、贡尖以"天"、"贡"命名，反映的正是其作为地方特产向天子入贡的性质，故宫发现的遗存茶叶贡品中跟普洱茶在一起的，就有安化千两茶饼。

明万历二十三年（1595年），在御史李楠的建议下，由户部裁定，皇帝批准，此后销西北的引茶，以汉、川茶为主，湖南茶为辅。一年后（明万历二十四年），朝廷规定全国各地贡茶4022斤，其中湖南贡茶140斤，由长沙府安化县贡芽茶22斤，益阳和宁乡各贡20斤。安化贡茶为大桥、仙溪、龙溪、九渡水四保所产，史称"四保贡茶"。

明代初期，益阳和安化茶叶加工技术得到发展，从蒸青向烘（炒）青转变，并一直沿袭至今，成为绿茶生产的基本技术。此时的"四保贡茶"应该是原料细嫩、品质上乘的烘青茶。安化贡茶历史由明及清，持续不断，朝廷每年清明时派人至龙阳（今汉寿县，常德市辖县）收取益阳、安化、宁乡三地的贡茶。三县贡茶至民国元年废止，安化茶纳贡共520年。

毫无疑问的是，在明朝中叶以后，湖南的黑茶生产地以安化为中心，并且一直延续到现在。在明朝后期到整个清朝，安化黑茶是封建朝廷榷茶政策中最重要的一个角色。湖南茶在明初就是榷茶制度的重点掌控对象，属于长沙府的安化在这个过程中扮演了何种角色，由于缺乏史料，无从可知。如果大胆推测，本文开篇提到的"黑茶"，包括了安化茶甚至以安化茶为主，也不是没有道理。据《宋史·地理志》，宋哲宗元祐三年（1088年）安化建县才17年（1072年梅山置县，1073年敕名安化，取归安德化之意），宋政府就在县境设立"博易场"，运入米盐布帛，以换茶叶和其他土特产。同治年间所编《安化县志》则明确称之为"茶场"。说明每年都有大宗茶叶从安化出境，进入政府

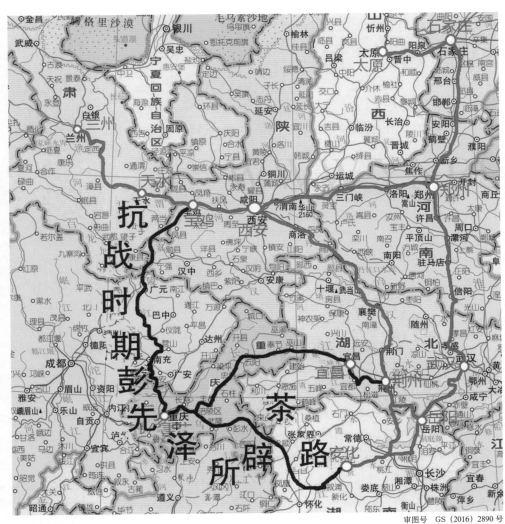

审图号　GS（2016）2890 号

安化黑茶出湘路线示意图

掌控和茶商买卖的流通贸易环节。而考诸湖南境内其他地区，则无此种现象。综此，安化大量生产黑茶的情况，出现在 1524 年以前，从理论上应该是成立的。

（二）清朝黑茶历史

道光十六年（1836 年），两江总督陶澍从江西南昌取道萍乡经醴陵回安化省亲。时任醴陵渌江书院山长的左宗棠以一联"春殿语从容，甘载家乡，印心石在；大江流日夜，八州弟子，翘首公归"，赢得陶澍赞赏。陶澍与左宗棠长谈后，对左深为推许，遂成忘年之交，两家约定结成儿女之亲。道光十九年（1839年），陶澍去世。左宗棠遵陶澍生前之托，于次年从湘阴赴安化小淹，操持陶家事务，抚教陶澍之子陶桄，在安化居住了8年。这一时期，他对安化黑茶有了深切的理解。

1843年，左宗棠在老家湘阴柳家冲买水田70亩、山地90亩，建起了自己渔樵耕读的柳庄。他特意从安化移来茶种，建了20亩茶园。

左宗棠后来成为晚清军政重臣，在历史上产生了深远影响。因缘际会，他也成为封建王朝茶政改革的最后一轮推动者。

咸丰元年（1851年），太平天国金田起事，湖南湖北兵戎遍地，道路梗阻，安化黑茶无法运销到西北，消费地缺茶，而原产地积压。同治元年（1862年），陕甘回变，西北地区烽火遍地。茶叶无法运输，生意萧条，无人承领茶引，茶商拖欠课税，茶务停顿达十年之久。左宗棠在镇压陕甘回民起义后，着手整顿西北茶务，他受陶澍整顿盐务的启发，奏定章程变原有的"官引"为"票法"，广招茶商。一是豁免历年积欠，消除茶商顾忌。规定"豁免积欠课银，停止应征杂捐"，调动了茶商的积极性，许多商人改营茶叶。二是另组新柜，恢复茶销规模。原来的茶商分为"东柜"（陕商晋商）和"西柜"（陕甘宁回商），左宗棠整顿原有东西二柜，添设"南柜"，起用长沙人朱昌琳为"南柜"总商。《清史稿》之《食货志五·茶法》载：左宗棠"遴选新商采运湖茶，是曰南柜"。朱昌琳按茶叶产销流转方向，在安化、汉口、泾阳、西安、兰州、塔城等地设置分庄，分段负责茶叶收购、转运、加工、销售工作，各司其职，责有攸归。安化黑茶源源不断地流向了西北。三是改引为票，严格税制。整顿茶务之前，西北地区的茶商一般靠茶引来购买茶叶，当时规定1引为80斤，茶商可不受数量限制，随意领取茶引，有的商人领取的茶引多达数十乃至百引。这样就使得茶引制相当混乱，既缺乏严格的管理，又易偷税漏税。左宗棠改"引"为"票"，"以票代引"，规定了限额。四是鼓励茶商运销湖南黑茶，与外商竞争。针对外商在沿海各口岸购销茶叶的现象，左宗棠经过与湖南管理当局协商，对于持有陕甘茶票的茶商运茶过境时，只征收税金二成，其余八成由陕甘都督府补贴，在湖南应缴甘肃的协饷中划抵。这一措施可谓一举两得，既激发了甘陕茶商经营湖南黑茶的积极性，又解决了湖南历年拖欠甘肃协饷的问题。

西北茶务整顿以后，茶销业复苏，清末有了长足的发展，仅兰州地区经营茶叶贸易的商号就增至40余家，所发茶票逐年增加，每年经销的茶叶多达数百万斤。同治十二年（1873年）试发放茶票 835 张，被茶商一抢而空。同治十三年，发放第 1 案茶票 1462 张；光绪八年（1882 年），第 2 案茶票发放 402 张；光绪二十六年（1900 年），第 8 案茶票发放 628 张；光绪三十三年（1907 年），第 11 案茶票的发行量增加至 1855 张。左宗棠的茶政改革，有效地解除了边疆民族无茶可饮的窘境，极大地推动了安化黑茶产业的复兴。

（三）民国及现代黑茶历史

自第 5 案后，每 3 年发票 1 次。到民国二十八年（1939 年）发最后一特票案止，共发 22 案。

民国时期是安化黑茶发展史上由传统走向现代的转折点，茶业组织、科研、教育和生产技术的发展达到了那个时期的巅峰。从 1920 年湖南茶叶讲习所在省议员彭国钧、陈适鲁的力主下迁来安化小淹后，在 20 多年的时间内，这里成为全国茶业最先进的地区。

抗战时期，安化通往泾阳的茶路中断，境内原料大量积压，而西北边区无茶可售。1938 年，旅鄂的安化人士向当时的中央政府建议在安化设厂就地压造茶砖，发展产业，以纾民困。第二年遂由湖南省建设厅成立管理处，以刘宝书为处长、彭先泽为副处长。彭先泽是安化小淹人，著名教育家彭国钧之子。早年留学日本，先后在东京帝国大学农实科和九州帝国大学农学院攻读 8 年，学成归国在浙江大学农学院等处任教，编著了国内最早的大学教科书《稻作学》。1939 年 8 月，彭先泽主持在安化县江南坪建设砖茶厂的工作，筹借经费，收购毛茶，选定德和茶号与庆记茶号为厂址，在湘潭定制手操螺旋压砖机，并推动了黑茶砖压制技术应用、茶机安装和人员培训等一系列准备工作。1940 年 3 月，安化历史上第一片、同时也是第一批黑茶砖面世并通过中国茶叶公司检验，认为"堪合俄销"。日寇占据中原，茶路中断。彭先泽不畏艰险绕道四川开辟了新的黑茶运销之路。1939 年到 1942 年，安化茶区共生产收购黑毛茶 18 万多担用于茶砖生产，彭先泽任厂长的国营砖茶厂压制黑茶砖 44 万多片，带动安化其他商营砖茶厂压制黑茶砖 232 万多片，于抗战时期的国家茶政、茶区生产贡献甚巨，也为战后安化农村经济的恢复发展打下了基础。在这一时期，彭先泽于繁忙的经营工作中，注重资料的收集和积累，并于 1948 年前陆续写成和出版了《茶叶概论》《茶叶行政》《西北万里行》《安化黑茶》和《安化黑砖茶》等一系列茶学著作，首次为现代黑茶产业的发展奠定了理论基础，被后人尊为"安化黑茶理论之父"，他所创的砖茶厂后来发展成为国内最大的黑茶生产企业白沙溪茶厂和益阳茶厂。

与彭先泽同一时期的著名茶叶大家，有后来的"滇红之父"冯绍裘、红茶机械大师黄本鸿，还有国内第一本《茶作学》的编者王云飞。他们在安化这片土地上，相互砥砺，发展实业，推动教育、科研和实践，以现代自然科学、管理科学和统计学理论武装传统茶业，形成了当时国内瞩目的安化茶学现象。

综上所述，安化黑茶可考的历史约近500年，而规模化产销的历史迄今为止持续稳定存在了400余年，并且未曾因为历史动荡和政权更迭而中断，堪称世界商贸史上的奇迹。

（四）临湘青砖茶历史

湖南黑茶除了安化黑茶外，还有一个比较重要的产品——临湘青砖茶。临湘青砖茶始于清康熙年间，盛于清末民初，历史上青砖茶主销西北边省，而边省少数民族嗜茶胜粮，食必煮茶，加之自1689年外销俄国以来，与年俱增，促进了临湘青砖茶独盛的历史。新中国成立后，只产老青茶，由湖北收购，临湘停止生产青砖。近年，才得以恢复、发展。

据《莼浦随笔》载："闻自康熙年间，有山西估客至邑西乡芙蓉山，所买皆老茶，最粗者踩作砖茶。"起初，山西茶商（称晋商）在羊楼洞压制的砖茶为"帽盒茶"，每块重约3.5kg，呈半圆柱形，装小篓，有如帽盒，故名。以后为利运输装载，改压方形砖茶，按每箱所装片数，分为二四、二七、三六、三九、四八、六四等多种庄口（即装箱规格，分每箱装24、27、36、39、48、64片茶叶等不同规格），每种庄口都有它的习惯销售市场。临湘羊楼司距羊楼洞9公里，两地茶区毗邻，而且产茶甚丰，品质优良。于是，青砖茶的生产迅速向羊楼司、聂（家）市、五里牌等地推进。

据《中国实业志》载：民国期间，临湘聂家市（聂市）有茶庄14家，羊楼司10家，五里牌6家。共有本银36万，年产青砖茶5600吨左右。早期，青砖茶的运输多由聂家市方志盛、王爷庙码头下河，经黄盖湖入长江抵汉口，溯汉水到环城或老河口上岸。改用车载马驮，经河南，入山西至大同而后分东西两路：东路以张家口为集中点，大部分销往外蒙古，小部分销往赤峰、锦州等地。西路以内蒙古归化城（今呼和浩特）为集中点，再北运外蒙古西部的乌里雅苏台和科布多，西运包头、宁夏，甚至延伸至新疆的奇台、乌鲁木齐、伊犁等地。在道光、咸丰年间，每年贸易量约 6 万关担（3629 吨。关担，海关计量单位，1 关担相当于 60.48 公斤），同治十一年（1872 年）以后增至 8 万关担（4838 吨）。民国前期产销两旺，后期才渐萎缩，然销售路线和市场没有多大改变。

1689 年，中俄签订《尼布楚条约》，中俄正式通商。临湘茶叶多由天津、张家口等地辗转输俄，尚无自由贸易。1727 年，俄女皇加柴加林派使臣来华，要求划界并扩大通商，签订《恰克图条约》。中俄于恰克图 50 俄里范围内（今蒙古国的阿尔丹布拉克）各建一城，进行贸易，中方的叫买卖城，内有房屋 200 所，商民过千，买卖城以茶叶贸易为主。临湘青砖茶多假手晋商输俄。在道光至同治年间，晋商在恰克图茶庄多达 120 余家。据《中国近代对外贸易史资料》载，自 1868-1889 年，临湘晋商运销恰市砖茶，年均达 4667 吨，临湘青砖茶得到大的发展。第二次鸦片战争后，俄国人获得了低税运输和由天津转口等方面的特权，无须与买卖城的晋商贸易，自此恰克图茶市一蹶不振。1889 年以后的 5 年，砖茶年贸易量维持在 1673 吨左右，1908 年前后（宣统初）只有 900 吨左右，至 1912 年临湘砖茶在恰克图的贸易就完全终止了（《临湘茶叶志》、《临湘茶厂厂史》）。

第二次鸦片战争后，中国海禁大开，俄商凭借特权，深入中国内地进行掠夺。1876 年，俄商在汉口设阜昌、新泰、顺丰洋行，收购临湘、鄂南老青茶和红茶，使用蒸汽压力机 18 台，最多每年压制砖茶达 2.5 万吨，值银八九百万。临湘老青茶由汉口大量输出。19 世纪 70 年代年销量为 3000 吨，1908-1917 年年均销量为 6199 吨，1910 年高达 8765 吨。第一次世界大战后，西欧经济衰退，俄国十月革命之后的几年国内经济拮据，汉口俄商和砖茶厂均已停业。1922 年，苏俄组织协助会来华收购砖茶或委托加工，临湘青砖茶又得到大的发展，到 1937 年的 15 年中，年均贸易量达 3846 吨。

抗日战争爆发后，汉口茶市贸易完全中止，抗日战争胜利后，临湘虽有 30 多家茶号复兴，然年产量最高仅 425 吨。1965

年起，转产以杀青、揉捻、渥堆、晒干为其工序的改制茶，以满足茯砖茶原料的需求。由于采摘标准、制作与老青茶极其相近，容易接受生产改制茶，所以上世纪六七十年代除羊楼外，临湘均已转产。上世纪80年代末期，青砖茶陆续恢复生产，聂市镇的永巨茶业有限公司、羊楼司的三湘茶厂、五里牌的金雄茶厂先后建厂投产。茶厂就地汲取民国以来的传统制作技术，并注入新科技，很快就有古香古色的青砖茶进入西北销区，受到消费者欢迎。

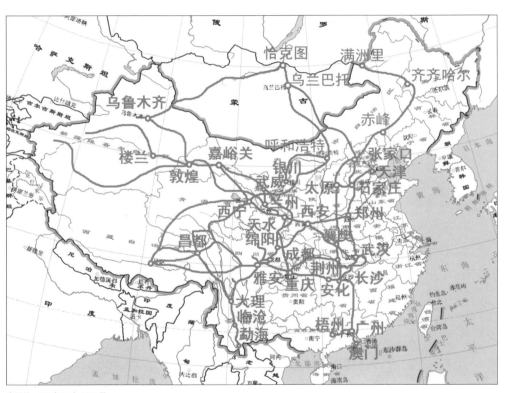

审图号　GS（2016）2890号

中国黑茶产销路线示意图（红色部分）

第二篇
神州：东方树叶的产区与地理划分

　　华夏神州陆地面积约 960 万平方千米，我国的陆地面积在世界各国中仅次于俄罗斯和加拿大，居世界第三位。神州大地幅员辽阔，地形地貌复杂多样，山川河流纵横交织，复杂的地理和多样的气候为东方树叶的生长发育提供了必要条件，也为茶区的划分提供了基础。了解茶树生长发育所需的环境条件和要求，能更好地理解茶树的分布与茶区的划分。

安化县云台山茶区云海日出（云上茶业，刘波提供）

一、孕育东方树叶的沃土

任何植物的生长与发育都依赖于一定的环境条件。茶树祖先来源于云贵高原，漫长的进化过程促使其形成特定的遗传和生理特性。探讨茶树生长与发育所需要的环境条件，有利于我们更加深入地了解茶叶。

（一）茶树生长基本要求

1. 气候环境

（1）光照

科学研究证明，茶树起源于我国西南部的云南、贵州高原原始森林中，而茶树以灌木型和小乔木型为主，在森林生态系统中其生态位靠下，导致茶树祖先长期生长在光照较弱、日照时间短的环境下，因而形成了既需要阳光但又相对耐阴（或者具有一定的耐阴性）的习性。因此，不是光照越强越好，如果种在光照较强烈的地区，在茶园中适度遮阴有利于茶树的生产发育。同时，光照强度不仅与茶树光合作用、茶叶产量有密切关系，而且对茶叶品质也有一定的影响。适当减弱光照，这有利于茶叶收敛性物质的减少和鲜爽性物质的提高。

云南临沧大雪山原始森林

斯里兰卡遮阴生态茶园

2017年早春云台山高山茶园遭受冰冻（云上茶业，刘波提供）

（2）温度

受原产地的影响，茶树在长期的系统发育过程中不但形成了喜阳耐阴的特性，而且特别喜爱温暖湿润的气候。适宜茶树生长的日平均气温是 20℃ ~ 30℃，当早春日平均气温稳定超过 10℃ 时多数茶树品种开始萌发。当平均气温高于 30℃ 时则已不利于茶树的生长，茶树能忍受的短时极端最高气温是 45℃。秋天当气温稳定低于 15℃ 时大多数品种的新梢停止生长，进入冬眠。由于品种的差异，大叶种抗寒性弱，只能忍受 -5℃ 左右的低温，中、小叶种忍受低温的能力较强，一般在 -10℃ 左右，在雪覆盖下甚至可忍受 -15℃ 低温的侵袭。

（3）水分

茶树性喜湿润，适宜茶树栽培的地区，年降水量必须在 1000mm 以上，月降水量大于 100mm 的有 5 个月以上。同时，降水量在生长季节里分配均匀与否，对茶树正常生育和产量有着很大影响。降水量最多的时期，茶树鲜叶产量也最多。空气湿度大时，一般新梢叶片大，节间长，叶片薄，产量较高，且新梢持嫩性强，叶质柔软，内含物丰富。在生长季节里空气相对湿度在 80% ~ 90% 比较适宜新梢生长，若小于 50%，新梢生长就会受到抑制，低于 40% 对茶树有害。

（4）空气

除相对湿度要求适宜外，还要求空气中 CO_2 含量丰富和土壤空气中氧的含量不低于 2%，这也是确保茶树正常生育和茶叶丰产的需要。旱季的干热风和严冬的冷风往往加重茶树的受害程度。所以选择避风向阳的地段建园，实行环境园林化，是改善环境条件，确保茶树

正常生育发育，以及高产、稳产的必要条件。

2. 地形地势

地形地势不同，光、热、水、气、土、肥等条件也不尽相同，因此会直接或间接地影响茶树的生长发育和产量品

遭受旱害的茶树

2006 年 1 月作者在日本富士山考察茶园（图为冷风危害茶园）

质。如高山云雾多，空气湿度较大，漫反射、散射光多，蓝紫光多，昼夜温差大等条件的存在则有利于茶树的生产发育，即有"高山云雾出好茶"的说法。我国的传统名茶多产于山地，如黄山毛峰、庐山云雾、苏州碧螺春、敬亭绿雪和沩山毛尖等。但山也非越高越好，因为山过高，气温越低，热量不足，全年有效生育期缩短，茶园经济效益降低，严重者甚至不能安全越冬。一般而言，在长江中下游茶区，茶树种植的适宜高度多在海拔1200m以下。

3. 土壤条件

茶树对土壤的适应范围是相当广泛的，普通红壤土、黄壤土、紫色土、冲积土，甚至某些石灰岩风化的土壤，均能植茶。但欲使茶树枝繁叶茂、高产优质，应确保下述几个基本条件。

（1）土层厚度

茶树系深根性木本植物，主根可扎入地面1m以下，吸收根系群亦可深

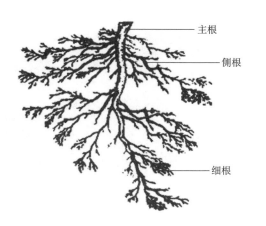

达40~50cm。土层深厚是茶树根系得以充分生长生育的最基本条件之一。据中国农业科学院茶叶研究所的调查，土层厚度与茶叶产量关系密切，一般认为茶园土壤全土层应在1m以上，活土层在50cm以上。

（2）土壤质地

唐陆羽《茶经》云："上者生烂石，中者生砾壤，下者生黄土。"据研究，武夷岩茶品质最佳的正岩茶主要产于九龙窠、慧苑等地的砂砾土、砾砂壤土、砂壤土之上。龙井茶品质与土壤质地的关系是：白砂土＞砂土≈黄泥砂土＞黄泥土。湖南植茶的三种主要土壤中以紫色板页岩发育的紫色土产量高、品质优，花岗岩发育的白砂土居中，第四纪红色黏土发育的红泥土最差。

（3）土壤酸碱度

茶树是喜欢酸性土壤的植物。从我国各地茶园土壤测定结果来看，pH值大致在4.0~6.5，而茶树生长最好的pH值为5.0~5.5。有机质含量是茶园土壤熟化度和肥力的指标之一，高产优质茶园的土壤有机质要求达2.0%以上。同时，要求茶园土壤养分含量平衡。

（二）茶叶产区划分

1. 茶叶的分布

茶树从云贵高原起源并随着河流流向及人类活动开始向外围传播。时至今日，从北边的外喀尔巴阡到南边的纳塔

耳都已经有了茶树踪迹。其中主要集中于北纬 6°~32°。从全球陆地分布而言，以亚洲产茶量最多，非洲次之。从行政区划而言，产茶前十的国家分别为：中国、印度、肯尼亚、斯里兰卡、土耳其、印度尼西亚、越南、日本、阿根廷和孟加拉，它们贡献了世界 90% 的茶叶产量。而世界上产茶国的茶树直接或间接都是来源于中国。

就我国茶树而言，其分布范围从南边的海南到北边的山东，从西边的西藏到东边的台湾都有广泛的分布。南北纵跨了 20 个纬度和 6 个气候带，即中热带、边缘热带、南亚热带、中亚热带、北热带和暖温带。主要集中于以下省市区：浙江、湖南、安徽、四川、重庆、福建、云南、湖北、广东、江西、广西、贵州、江苏、陕西、河南、海南、山东、甘肃、西藏和台湾等。

2. 我国茶区的划分

根据农业区划原则和前人的区划研究成果，我国茶叶产地可划分为华南、西南、江南和江北四个一级区（图）。它们所包括的地域范围、主产茶类和主要气候条件如列表所示。

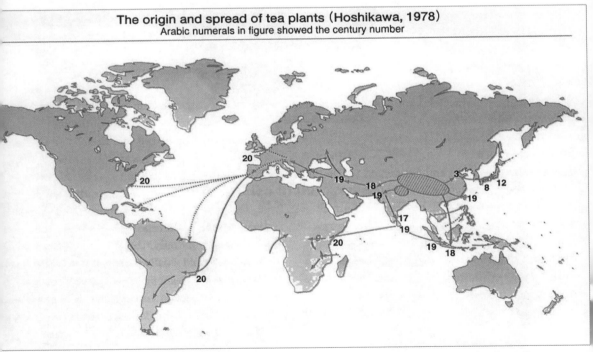

审图号　GS（2010）1502 号

茶树的发源与传播（日本 Hoshikawa，1978）

我国各茶区简况

茶区	范围	主产茶类	气温（℃）	雨量（mm）	无霜期（d）	茶季长（d）
华南	闽东南、粤中南、桂南、滇南、海南、台湾	红茶、青茶、黑茶、白茶、绿茶	年均温 18～24 最冷月均温 8～17 极低温 −4.5～4.5	1200～2000	>300	>300
西南	黔、川、滇中北、藏东南	红茶、绿茶、黑茶	年均温 14～18 最冷月温 4～8 极低温 −7.8～−0.9	1000～1700	220～340	210～270
江南	粤北、桂西北、闽中北、鄂南、皖南、苏南、湘、赣、浙	红茶、绿茶、青茶、黑茶、黄茶、白茶	年均温 15～18 最冷月温 3～8 极低温 −14.2～−4.5	1100～1700	230～280	225～270
江北	陇南、陕南、鄂北、豫南、皖北、苏北	绿茶、红茶	年均温 14～16 最冷月温 1～5 极低温 −18.6～−6.0	800～1200	200～250	180～225

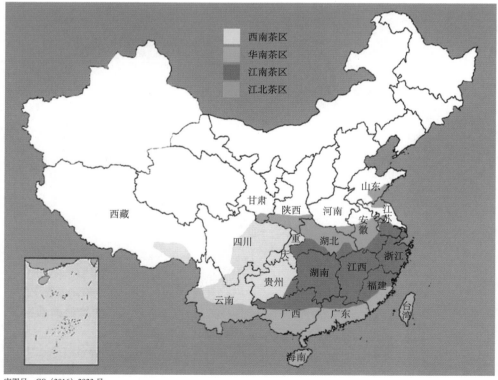

审图号 GS（2016）2923号

我国四大茶区划分与省份

二、黑茶主要生产省份与区域

（一）湖南黑茶产区

湖南黑茶原产于安化，最早产于资江边上的苞芷园，后转至资江沿岸的雅雀坪、黄沙坪、硒州、江南、小淹等地，以江南为集中地。过去湖南黑茶集中在安化生产，现产区已扩大到桃江、桃源、沅江、汉寿、宁乡、益阳和临湘等地。

安化县位于资水中游，湘中偏北，雪峰山北段，东与桃江、宁乡接壤，南与涟源、新化毗邻，西与溆浦、沅陵交界，北与常德、桃源相连。安化古称"梅山"，是梅山文化的发祥地。安化地形地貌多样，地势从西向东倾斜，海拔高点 1622 米，低点 57 米。安化总面积 4950 平方公里，是湖南省面积第三大县，森林覆盖率达 76.51%。属亚热带季风性湿润气候，年均日照时数 1376.1 小时，年均气温 16.2℃，最高气温为 42℃，最低气温为 -11℃，年均降水量 1622 毫米。

安化黑茶生产加工始于 16 世纪初，据《明史茶法》及《明史食货志》记载，明嘉靖三年（1524 年）因四川黑茶产量及品质难以满足官茶和商茶需求，遂从湖南采购。同时，因御史徐侨奏称（万历二十三年，1595 年）："汉川茶少而值高，湖南多而值下，湖南之行，无妨汉中，汉茶味甘而薄，湖茶味苦，于酥酪为宜。"在 16 世纪末期，四川黑茶逐步被湖南黑茶所取代。

道光元年（1821 年），陕商驻益阳委托行栈汇款到安化定购黑茶，受雇人下乡采买茶叶原料，踩捆成包，以利运输，重约老秤 100 两，称为"百两茶"。清同治年间，晋商在"百两茶"的基础上选用较佳原料，增加重量，用棕与篾捆压成圆柱形，净重老秤 1000 两，称为"千两茶"。抗日战争期间，由于运输受阻，安

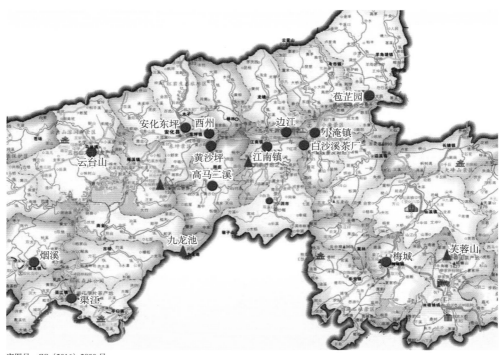

审图号　GS（2016）2890号

安化茶叶产区示意图

化黑茶产制受到影响。1939年5月，留日大学士彭先泽先生回安化试压黑茶砖成功，并正式组建成立湖南省砖茶厂，开创了安化黑茶产制新纪元。1950年，中茶安化砖茶厂在商业部的指导下组织相关人员攻关，历经三年，于1953年成功筑制茯砖茶。1958年，黑茶砖机制工艺压制应用于茯砖又获成功，自此结束了几百年手工筑制茯砖的历史。

（二）川渝地区黑茶产区

四川黑茶历来生产后销售于边疆游牧民族地区，历史由此称为四川边茶。

四川边茶因销路不同，分为南路边茶和西路边茶。

南路边茶： 过去以雅安、乐山为主要产区，现扩大到全省，集中在雅安、宜宾、重庆（1997年划为直辖市至今）、江津、万县、达县等地的国营茶厂压造。

西路边茶： 产于四川的邛崃、灌县、平武、崇庆、大邑、北川等地。四川黑茶现主要产区为雅安市。

雅安，原西康省省会，现四川省地级市，1955年随西康撤省并入四川。位于四川盆地西缘、邛崃山东麓，东靠成都、西连甘孜、南界凉山、北接阿坝，距成都仅115公里。是青藏高原向成都平原的过渡地带，是汉文化与民族文化结合过渡地带、现代中心城市与原始自然生态区的结合过渡地带，素有"川西咽喉"、"西藏门户"、"民族走廊"之称。雅安全市地形呈北西南地势高、东部地势低的格局。全市山地地貌，丘陵与平坝仅占总面积的6%，多集中于河谷两侧，以青衣江两岸最多。雅安为亚热带季风性湿润气候，年均气温在14.1℃~17.9℃，年均降雨量1800毫米左右，湿度大，日照少，素有"雨城"、"天漏"之称。

四川是我国茶叶的原产地之一，《神农本草经》中记有："茶生益州川谷陵道旁，凌冬不死"。《华阳国志·巴志》一书记载，周武王于公元前1135年联合巴蜀居民讨伐商纣王之后，巴蜀所产的茶叶就被列为贡品。《四川通志》中有"名山县之西四十五里有蒙山，……汉时甘露祖师姓吴名理真者手植，至今不长不灭，共八小株"之说，表明西汉时期四川就有人工种植茶树，距今已有2000余年的历史。据《甘孜藏族自治州史话》记载，"茶叶入藏区之始，正是藏文字创字之时"。四川茶叶在开始大量输入西域和吐蕃时没有

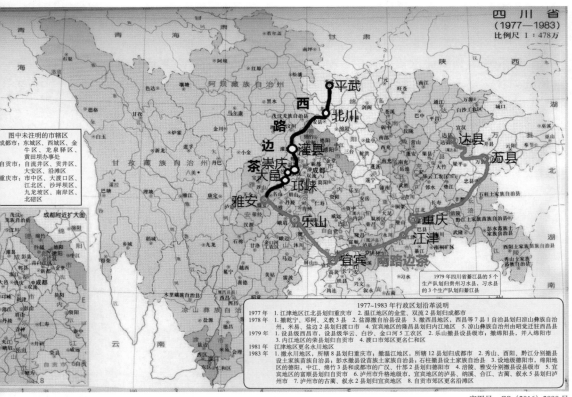

审图号　GS（2016）2890号

川渝地区政区及黑茶产区分布示意图

专门的边销茶叶，当时的边销茶和内销茶完全相同。北魏时期广泛生产蒸青饼茶，至明朝，散茶流行，而由于散茶运输的不便利，劳动人民便采用篾制专用包装，并在入篾之前蒸压成形，形成了专门的边销茶。新中国成立以后，国家对茶叶实行"保证边销"的方针，大力扶持边茶生产，使四川边茶迅速恢复和发展，产量超过历史水平，品质不断改进，并实现了生产的机械化，正向连续自动化前进。

（三）广西黑茶产区

广西黑茶以广西六堡茶为代表而享誉海内外，六堡茶因产自于广西梧州市苍梧县六堡镇而得名，除六堡外，苍梧县的五堡乡狮寨，相邻的贺县（贺州市八步区）沙田，以及岑溪、横县等20多个县市均产六堡茶。

苍梧县以丘陵、低中山地形为主，平原较少，一般海拔400~600米。苍梧县属亚热带季风气候区，由于地处低纬度地带，太阳辐射强，夏长冬短，无霜期长，年均331天，年均气温21.2℃，年均降雨量1506.9毫米。

据《苍梧县志》记载虾斗茶（虾斗茶即六堡茶）"色香味俱佳，唯稍薄耳"。清初，广州、潮州一带六堡茶逐渐兴盛，乾隆年间，因福建、浙江、江苏海关封闭，仅广州口岸通商，"十三行"便独占中国对外贸易，六堡茶随之发展销往南洋各国至世界各地，至嘉庆年间，其以特殊的槟榔香而名列全国名茶之一，享誉海内外。

（四）云南黑茶产区

云南黑茶以普洱茶为主，普洱茶主要产于云南勐海、勐腊、普洱市、耿马、

审图号　GS（2016）2890号

广西政区及六堡茶产区分布示意图

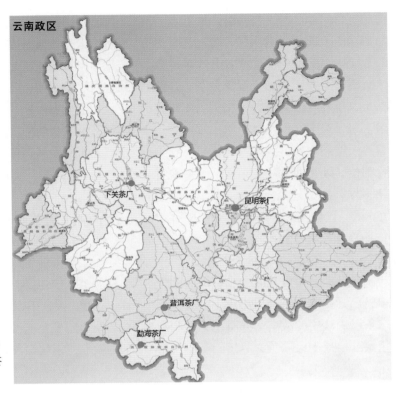

云南政区

审图号　GS（2016）2923 号
云南政区及四大茶
厂分布示意图

沧源、双江、临沧、元江、景东、大理、屏边、河口、马关、麻栗坡、文山、西畴、广南、永德等区域。云南省昆明市、楚雄州、玉溪市、红河州、文山州、普洱市、西双版纳州、大理州、保山市、德宏州、临沧市等 11 个州现辖行政区域为普洱茶地理标志产品保护范围。

西双版纳地貌多为中低山和丘陵区，海拔 800~1300 米的低山区占西双版纳总面积的 65.3%，构成西双版纳地貌格局的主体。年平均气温在 18℃~22℃，最冷月均温 8.8℃~15.6℃，年日照时数 1800~2100 小时，年降水量 1193.7~2491.5 毫米。

普洱市境内群山起伏，全区山地面积占 98.3%，垂直气候特点明显，海拔高度在 376~3306 米，受亚热带季风气候的影响，大部分地区常年无霜，年均气温 15℃~20.3℃，年无霜期在 315 天以上，年降雨量 780~1100 毫米。

临沧市位于云南省的西南部，东部与普洱市相连，西部与保山市相邻，北部与大理白族自治州相接，南部与邻国缅甸接壤。临沧市属横断山系怒山山脉的南延部分，地势中间高，四周低，由东北向西南逐渐倾斜。境内最高点为海拔3429米的永德大雪山，最低点为海拔450米的孟定清水河，相对高差达2979米。属亚热带低纬度山地季风气候，四季温差不大，干湿季分明，光照充足，年均气温16.8℃~17.7℃，年降雨量1158.2毫米，相对湿度71%。

大理州地处云贵高原与横断山脉结合部位，地势西北高，东南低。地貌复杂多样，海拔最高点4295米，最低点730米。该地区属低纬度高原季风气候，年均日照时数2253.9小时，年均气温15℃以上，年均降水848.4毫米。

商时期，云南地区的少数民族的先祖就已开始制作茶叶。历史上曾有百姓献茶于周武王的故事，亦有诸葛孔明利用茶叶治疗士兵瘴气之故事。至唐，茶马贸易开始发展。至宋，普洱茶马贸易不断扩大，普洱茶成为与内陆地区及汉文化与少数民族文化沟通的纽带。至民国，因战争原因，云南茶叶产量急剧下降，处于低谷时期。新中国成立后，普洱茶产量逐步回升。时至今日，普洱茶已迈入新的发展篇章，正在谱写云南茶史上的更大辉煌。

（五）湖北黑茶产区

湖北黑茶以生产青砖茶为主，主产于湖北省咸宁地区的蒲圻（今赤壁市）、咸宁、通山、崇阳、通城等县。

湖北咸宁市，位于湖北省东南部，东邻赣北，南接潇湘，西望荆楚，北靠

审图号 GS（2016）2890号

湖北政区及青砖茶主产区示意图

武汉。地势南高北低，分为三个地貌区。冲积平原区，位于西北部，为赤壁市茶庵岭至咸安区双溪以北的大片地区；低山丘陵区，位于中部，为通山县高湖至沙店一线以北，茶庵岭至双溪一线以南的广大地区；中山区，位于通山高湖至沙店一线以南地区。咸宁属亚热带大陆性季风气候，气候温和，降水充沛，日照充足，四季分明，无霜期长。年均气温 16.8℃，极端最高气温 41.4℃，极端最低的气温为 −15.4℃。年均日照 1754.5 小时，年均降水量 1577.4 毫米。

据《湖北通志》记载："同治十年（1871 年），重订崇、嘉、蒲、宁、城、山六县各局卡抽派茶厘章程中，列有黑茶及老茶二项。"1890 年前后，在蒲圻羊楼洞开始生产炒制的篓装茶，即将茶叶炒干后，打成碎片，装在篾篓里（每篓 3.5 公斤），运往北方，称为炒篓茶。以后发展为以老青茶为原料经蒸压制成老青砖茶。清代，湖北黑茶主要在蒲圻羊楼洞生产，因此又名"洞砖"，因茶砖面印有"川"字商标，故又名"川字茶"。近代，青砖茶移至蒲圻赵李桥茶厂集中加工压制。

（六）其他省份黑茶产区

"自古岭北不植茶，唯有泾阳出砖茶"。泾阳茯砖茶历史上产于陕西省咸阳市泾阳县。泾阳位于陕西省中部，泾河之北，"八百里秦川"的腹地，是中华人民共和国大地原点所在地。

泾阳东与三原、高陵县交界，南与咸阳市渭城区接壤，西隔泾河与礼泉县相望，北依北仲山、嵯峨山与淳化、三原县毗邻。泾阳县位于渭河地堑北缘中段，岐山至富平断裂带两侧。地势西北高、东南低。海拔最高 1614 米，最低 361 米。泾阳县总面积 780 平方公里，耕地 67 万亩，山地 97 平方公里，南部为黄土台塬，位于泾河以南，塬面开阔，海拔为 430~500 米，面积 180 平方公里。泾阳县属暖温带大陆性季风气候，四季冷暖、干湿分明。年均日照时数 2195.2 小时，年均气温 13℃，最低温 −20.8℃，最高温 41.4℃，年均无霜期 213 天，年均降水量 548.7 毫米。

泾阳自汉代始为"官引茶"至中原集散地。官茶至泾，另行检做，制成茯砖茶后，才沿丝绸之路销往西北各地乃至中西亚各国，遂形成加工制作运输中心枢纽。据史料载，茯茶（散茶）在泾出现于北宋神宗熙宁年（1068－1077）左右；茯砖茶形成定型于明洪武元年（1368）前后，距今643年。

新中国成立之初，泾阳县成立了人民茯茶厂，生产茯砖茶，为符合"多快好省"的中央政府政策，遂将茯砖茶生产转移到茶产地，人民茯茶厂于1958年后停产。2006年左右，在陕茶企在政府的引导和支持下，消失半个世纪的泾阳茯砖茶正逐步恢复生产，期待走入新的辉煌。

此外，我国还有广东省、浙江省、西藏自治区、贵州省、福建省等地局部小范围生产黑茶。近些年来，这些地区正逐步成为我国黑茶生产和发展的新区域。

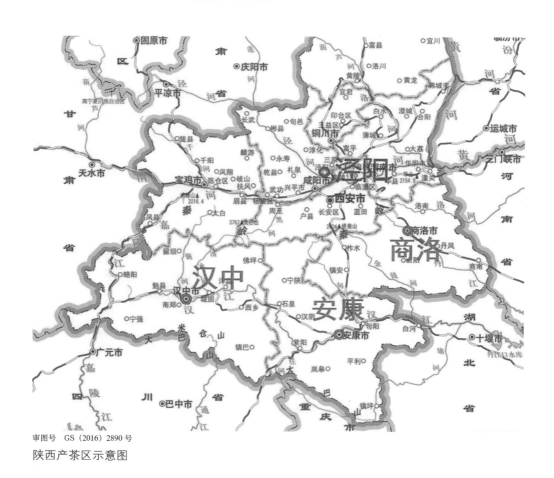

审图号　GS（2016）2890号

陕西产茶区示意图

三、安化黑茶的典型产区 ①

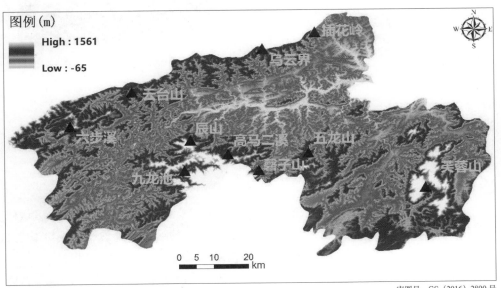

审图号 GS（2016）2890 号

感谢吴小波博士制图

安化县境内地形地貌复杂，山水交融，因地形地貌限制，基建设施落后，百姓收入增长乏力，经济发展较为滞后，被列为国家扶贫开发工作重点县。本世纪初，在省委省政府的支持下，安化县政府以安化黑茶为主要抓手着力推动地方经济发展，在产学研联合推动下，安化县茶产业综合产值由 2006 年的 2 个亿左右的产业规模发展为 2018 年的 180 亿。依托安化县优良的气候条件和复杂的地形地貌，安化县政府通过整合茶叶资源和旅游资源，努力打造一条符合安化县域特色的茶旅发展之路，现已初具规模，备受同行羡慕。鉴于此，2019 年 4 月 16 日，湖南省人民政府批复安化县等 13 个县市区符合贫困县退出条件，同意脱贫摘帽。

历史上，安化县茶叶产品以红茶最为著名，发展到今天，以安化黑茶享誉世界。

① 产区排序不分先后。

安化县辖东坪镇、清塘铺镇、梅城镇、仙溪镇、大福镇、长塘镇、羊角塘镇、冷市镇、小淹镇、江南镇、柘溪镇、马路口镇、奎溪镇、烟溪镇、渠江镇、平口镇、乐安镇、滔溪镇、高明乡、龙塘乡、田庄乡、南金乡、古楼乡等23个乡镇。除高明乡外，其他22个乡镇均为安化黑茶国家地理标志产品保护范围。除此之外，桃江县的桃花江镇、石牛江镇、浮邱山乡、鸬鹚渡镇、大栗港镇、马迹塘镇，赫山区的新市渡镇、泥江口镇、沧水铺镇，资阳区的新桥河镇均纳入安化黑茶国家地理标识产品保护范围，合计32个乡镇辖区。湖南有"十里不同音，百里不同俗"之说，原因在于自然条件的阻隔带来的生活方式的多样性。同样，于茶树资源而言，不同的乡镇，不同的山头，安化黑茶品质风格迥异，各有特色。茶人所关心的，自然是各个山头茶的茶叶品质特征。在民间，对于安化典型产茶区代表的几大微域环境素有分歧，一说八大山头（云台山、高家山＜六步溪次森林内＞、高马二溪＜高家溪和马家溪合称＞、磐子山、芙蓉山、五龙山、插花岭、九龙池），一说九大山头（云台山、六步溪、高马二溪、磐子山、芙蓉山、五龙山、乌云界、九龙池、辰山）。而彭先泽在其所著《安化黑茶》一书中，将安化境内产茶区更是分为14大产区：辰山、芙蓉山、台甲山、高家溪、马家溪、蔡家山、巫云界、楠竹园、插花岭、马头门、香炉山、云雾山、牯牛山、湖南坡。

供图：朱时昌

（一）云台山

坐标：111.050124，28.462881。

云台山位于安化县马路镇境内，属雪峰山脉，距县城23公里，代表区域包括岳溪、马路、湖南坡、柘溪、苍场、奎溪、木榴、唐溪（老云台区域）。云台山脉最高峰为茱萸峰，海拔1308米，周围约2000亩，独峰挺拔，尖削如笔，高耸入云。该产区位于中亚热带季风气候区，气候温暖湿润，四季分明。茶园成土母质多为板页岩风化物，土壤以红黄壤为主，山顶为荒山，山腰为灌木疏林。

茶叶口感：云台山茶区制得的黑茶，主要表现为茶气足，初入口之时，有一种令人迷恋的苦，这种类似于巧克力的滋味令人十分上瘾，几泡之后，则表现为糯香味，茶友通常将是否有糯香味的表现来区分是否为云台山产地的黑茶。

（二）六步溪

坐标：110.837189，28.304915。

六步溪为国家级自然保护区，最高海拔1254.7米。气候温暖湿润，四季分明。这里古木遍地，飞禽遮天，走兽成群，渺无人烟，脚下溪水淙淙，身边郁郁葱葱，耳旁鸟鸣声声。山多且高，小气候特征明显。成土母岩主要为板页岩，地表覆盖着一层腐殖质，土壤多呈红黑色，属于典型的火岩土。

茶叶口感：六步溪的茶叶滋味浓强，新茶微苦，生津回甘快且持久，茶气卓著，后期转化空间巨大。春茶类的干茶，闻之有蜜香，转化后表现为松木香。新茶汤色橙黄明亮，转化后表现为橙红透亮如琥珀。茶汤醇厚、顺滑，香能入汤，入口后茶香散开，甘甜留于齿颊之间。

（三）高马二溪

坐标：111.241284，28.161154。

高马二溪位于田庄乡东南部，地理位置较为偏远，距离安化县城50公里。该区最高的主峰为白云峰（亦称辰山老顶），海拔1326.4米。高马二溪的传说较多，广为流传的为高家溪和马家溪合称为高马二溪，高马二溪村实则由原来的板楼溪、高家溪、蒋家溪和黄沙仑四个自然村组成，马家溪则是蒋家溪村的一个小地名。板楼在山顶，高家溪和蒋家溪在山坳，黄沙仑在山腰。历史记载，清道光四年（公元1824年），立定"奉上严禁"茶碑。据考证高马二溪实乃皇家茶园，直属中央政府管辖且设立禁采茶碑。"千年黑茶出安化，高马二溪质最佳"，从市场信息来看，采用高马二溪料所产的好茶也层出不穷，例如：2007年、2008年高马二溪茶厂的千百两、天尖等已成为经典，2007年利源隆所产高马二溪精选千两茶备受茶友追捧。该区冬暖夏凉，云雾缭绕，土壤以板页岩风化物与烂石土壤为主，富含有益的微生矿物元素。

茶叶口感：高马二溪产区的茶叶口感厚、重、滑，茶叶转化较快，存放三年后，入口呈樟香味。高马二溪的茶，干茶闻之即香，香型表现为樟香、糯香、甜香，内含物丰富，汤感饱满并毫无苦涩，入口即甜，茶气足而柔和不刺激，甜度高却不甜腻，陈放后效果更佳，二三级原料在三年时间内即可迅速转化出陈香，与自身的地域香相融合，十分令人迷恋。

（四）磐子山

坐标：111.337958，28.200664。

磐子山位于洞市乡木杨村境内，海拔1354米，为安化第二高峰。该区平均温度16.3℃，大于10℃有效积温为4683℃，年降雨量为1724.6毫米。茶园成土母质多为板页岩风化物，土壤属红壤和黄壤。

茶叶口感：本产区黑茶呈现明显的类似于甘蔗的甜味，且口腔浸入感强。喝后回甘，回味持久不散。

（五）芙蓉山

坐标：111.801453，28.166996。

芙蓉山又名青阳山，位于湖南省益阳市安化县东南方向，距县城约60公里有余。芙蓉山系由72座大大小小的山峰构成，属衡山山系，主体为6座高峰，分别是：蚂蝗山，居西南方；扶王山，居南方；云雾山，居东南方；天罩山，居东北方；大峰山，居北方。72座山峰最高为云雾山，海拔1428米，但以锡杖山为中心向四面散开，东西5公里，南北8公里，互相簇拥着，状若芙蓉，故称芙蓉山。"芙岭朝云"旧称安化十景之一。当地人望云气可知晴雨。山上原有芙蓉寺、广化寺。该产区雨水较多，湿度大，平均风速小，冬暖夏凉，海拔高，云雾多。茶园成土母质多为板页岩风化物，土壤以红黄壤为主。

茶叶口感：茶友圈儿有人称芙蓉山产区的茶叶为安化黑茶中的贵族，一因其产量少且以老树料为主，二是其香气馥郁脱俗，花果香和粽香突出，汤感饱满厚重。滋味上甘甜贯穿始终，回味持久。总结该产区的茶叶特点主要为：香、甜、爽，有种兰花香的味道。

（六）五龙山

坐标：111.498696，28.263568。

安化五龙山坐标位于安化县洞市镇，与新化交界之处，海拔700米到800米。全境地处中亚热带向北亚热带过渡的季风湿润气候区内，以大陆性气候为主，兼有湿润的滨湖气候。具有冬冷夏热，四季分明，热量充足，雨水集中，春温多变，夏秋多旱，严寒期短，暑热期长的特征。茶园成土母质多为板页岩风化物，土壤属红黄壤；是江南、小淹、乐安茶区的代表。

茶叶口感：五龙山茶区的茶叶以甜感显著而为茶友追捧。此产区的茶呈甘蔗般的甜味，且浸入感强，有竹叶香，喝后回甘，回味持久不散。闻之有蜜香，茶气卓著，生津回甘强烈。

（七）插花岭

坐标111.518013，28.588013。

插花岭又名插合岭、插角岭。其坐标位于县城东北35公里，乃常德、桃源、安化三县（区）交界处，有"一山踏三界"的坐标意义。其山系属雪峰山脉延伸，山北接常德（古称武陵），山西临桃源，山东南为安化。海拔716米，登岭望西南，雪峰巍巍（雪峰山脉）；俯首瞰东北，洞庭茫茫（洞庭湖）。该产区冬冷夏热，四季分明；热量充足，雨水集中；春温多变，夏秋多旱；严寒期短，暑热期长。茶园成土母质多为板页岩风化物，土壤属红黄壤。

因该地区山体较小，茶园面积小，产茶量也较低，地区特征不明显，故鲜见将插花岭产区的茶叶列为安化黑茶典型山头，市面也少见将本地区产品单列标注。笔者将其列出一为考虑某些茶友喜爱此地区品质特征，二来本着虽有争议，但不应无视的原则将其列出，供各位茶友自行鉴赏。

茶叶口感：滋味浸出虽然略慢，但较为耐泡，胶质感明显，口感上喉韵显但略为不足，饮后有一定生津感，但赶不上辰山及乌云界等地产品。新茶苦与涩感均明显，但转化还算比较快，不视为缺陷，转化后呈蜜香，后期表现可期。

（八）九龙池

坐标：111.241284，28.161154。

位于县城南25公里，南金乡境内，新化边界，属衡山山系。南麓水入新化横溪和董溪，北麓水入安化毗溪。九龙池是安化境内第一高峰。海拔1622米，方圆约2000亩，山北为板岩，山南为砂砾岩。主峰南侧海拔1600米处有一池长14米，宽10米，水深1~2尺，原有九股泉涌，四季有水，现池里茅草丛生，水深不及尺许，还葬有一无名坟墓。四周有九条山丘，蜿蜒起伏，簇拥而来，宛如九龙临池饮水，故名九龙池。

茶叶口感：该区的黑茶木香显著，纯正高扬，杯香典型，花果香纯正悠长，可与花香蜜韵的老辰山产区比香，与甜过初恋的磬子山产区比甜；汤色金黄油亮，浓稠感十足，十泡有余而汤色不减；滋味上的甜可描述为甘爽可口、回甘持久，其厚可描述为厚重饱满，胶质感十足，其细可描述为水路细腻，入口愉悦。总结为：耐泡并有花果甜香。

（九）乌云界

坐标：111.38841，28.556652，行政区划为常德市桃源县境内。

位于县城东北24公里，龙塘茅茨园境内，安化、桃源边界，属雪峰山系，周围2平方公里。海拔1028.1米。"乌云界界桃源县，高15里，常有乌云瞹瞹，久雨初霁，烟岚广空。登望朗江，江帆上下，历历可数。山北有燕子岩，为邑人黄元璋征麻阳筸子苗殉难处，上有"峭壁奇观"四字及"洪武登基至二年，单刀匹马去征边，燕子岩前曾歇马，石人为伴振弓弦"之句，系璋手书[1]。咸丰间曾建乌云寺，现寺已毁唯存石墙基。

茶叶口感：采用七星灶烘焙制得的黑茶，在前几泡时，口感呈现松烟香融入茶汤，入口舌尖微苦，但苦感转化较快，之后回甘持久，甜度高，口腔存留时间较长，三泡过后开始显花果香，茶

[1] 同治安化县志。

气足，茶汤饱满，带有一定的喉韵，回味持久。

（十）辰山

坐标：111.193879，28.297656。

辰山，原名神山、白云山，俗称辰山，距安化县城东坪10公里，位于资水南侧，即中砥、文溪、唐溪之间。面积4平方公里，属衡山山系，主峰辰山老顶，海拔1326米。辰山山体傲岸挺拔，横亘雄踞在县城南区背后，白云主峰直指蓝天，常年云遮雾绕，使人心驰神往。辰山山体大部分由花岗岩组成，部分是冰碛岩，风化而成的土壤孕育出的茶树盛产优质茶叶。无论加工成黑茶、绿茶还是红茶，都是上品。彭先泽先生在《安化黑茶》一书中记载，安化产优质茶叶列14个山头，其中辰山位列第一，芙蓉山位列第二。

茶叶口感：采用七星灶烘焙制得的黑茶，干茶条索紧细、乌黑、匀整、显毫、稍嫩梗；香气表现为甜香细腻而悠长，尤其在沸水温杯后，干茶入壶后的几秒钟，展现出沁人心脾的甜香；才制出的黑毛茶的汤色通常展现为浅橙黄透亮；滋味上则表现为甜纯、细腻，齿颊留香；叶底则表现为柔韧软亮。

第三篇
嘉木：茶树的品种特性与茶类划分

　　中华大地幅员辽阔，复杂的地理环境和多样的气候特征为茶树生长繁衍提供了广阔的空间。"茶者，南方之嘉木也"，茶圣陆羽一语道出了茶树的生长区域以及对茶树的评价。南方温暖湿润的气候特征是茶树生长发育所喜爱的环境，由此辐射并进化出不同的茶树类型。勤劳智慧的龙的传人在茫茫林海中慧眼识珠，首先识别和利用了东方树叶，开发出品质风味各异、享誉世界的六大茶类。

一、赐予南方的嘉木

（一）茶树生物学特征

茶圣陆羽生于733年复州竟陵（今湖北天门），758年左右著《茶经》而享誉茶史，《茶经》是世界历史上第一部关于茶的论著。书中论述"茶者，南方之嘉木也，一尺二尺，乃至数十尺。其巴山峡川有两人合抱者，伐而掇之，其树如瓜芦，叶如栀子，花如白蔷薇，实如栟榈，蒂如丁香，根如胡桃"，这些描述生动地介绍了茶树的生长及形态学特征。

研究表明，茶树所属的山茶科植物在地球上已存在6000~7000万年，在漫长的古地质和气候等的变迁过程中，茶树逐渐形成了现有的生物学特性。著名的植物学家瑞典人林奈将茶树的植物学名称命名为[*Camellia sinensis*（L.）O. Kuntze]。

茶树植株是由根、茎、叶、花、果实和种子等器官构成的整体。根、茎、叶为其营养器官，主要功能为担负营养和水分的吸收、运输、合成和储藏，以及气体的交换等，同时在无性繁育时还担有繁殖功能；花、果实、种子等是生殖器官，主要负担繁衍后代的任务。

根据分枝部位不同，茶树可分为乔木、小乔木和灌木三种类型。乔木型茶树，植株高大，有明显主干；小乔木型茶树，植株较高大，基本主干明显；灌木型茶树，植株较矮小，无明显主干。在生产上，我国栽培最多的是灌木型和小乔木型茶树。

根据分枝角度不同，茶树树冠分为直立状、半披张状和披张状三种类型。茶树枝条按其着生位置和作用可分为主干和侧枝，侧枝按其粗细和作用不同又可分为骨干枝和细枝。

叶及嫩梢是茶树作为经济作物的主要效益器官。茶树叶片分鳞片、鱼叶和真叶三种。鳞片无叶柄，质地较硬呈黄绿色或棕褐色，表面有茸毛与蜡质，随着茶芽萌展，鳞片逐渐脱落。鱼叶是发育不完全的叶片，其色较淡，叶柄宽而扁平，叶缘一般无锯齿，或前端略有锯齿，侧脉不明显，叶形多呈倒卵形，叶尖圆钝。真叶是发育完全的叶片，形态一般为椭圆形或长椭圆形，少数为卵形和披针形。

此外，茶树叶片也在长期的系统发育过程中产生了一系列的差异性状，这些差异性为人们对茶树进行选择和利用提供了依据。如叶色有淡绿色、绿色、浓绿色、黄绿色、紫绿色等，这与茶类适制性有一定关系，一般绿色可适制绿茶，而黄绿色可适制红茶等。叶尖分急尖、渐尖、钝尖、圆尖等，这是茶树分类的依据之一。叶面有平滑、隆起、微隆起之分，这是茶树优良特征之一。叶

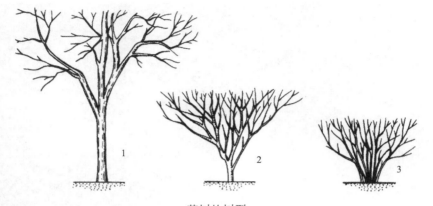

茶树的树型
1. 乔木型　2. 半乔木型　3. 灌木型

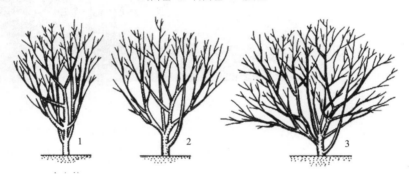

茶树的形态
1. 直立状　2. 半披张状　3. 披张状

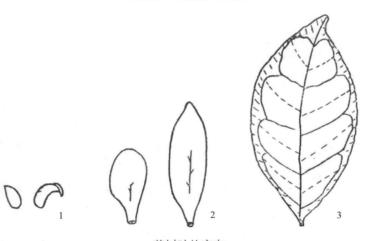

茶树叶的变态
1. 鳞片　2. 鱼叶　3. 真叶

云南临沧大雪山大叶种茶树成熟叶片

面光泽性有强、弱之分，光泽性强的属优良特征。嫩叶背面及嫩梢上着生茸毛的多少也是品质优良与否的标志。根据叶片面积大小（叶面积＝叶长 × 叶宽 × 0.7），凡叶面积大于 $50cm^2$ 的属特大种叶，$28\text{~}50cm^2$ 的属大叶，$14\text{~}28cm^2$ 的属中叶，小于 $14cm^2$ 的为小叶。

（二）茶树原产地

据统计，全世界的山茶科植物共 23 属，计 3380 余种，而中国就有 15 属 260 种，大多分布在西南。云南现存有野生型、过渡型、栽培型千年以上古茶树 30 余棵，占全国的 40% 以上，100 亩以上连片古茶园面积达 20 余万亩。有古茶树王国之称的云南所拥有的野生型、过渡型和栽培型古茶树、古茶园，在中国和世界具有唯一性，是重要的自然遗产和文化遗产，具有重大的科学价值、文化价值和经济价值。因此，茶树起源的实物依据茶起源于中国，这是自古以来为全世界所公认的。

1824 年印度阿萨姆省发现有野生茶树后，国际学术界曾产生过茶树原产地之争议，主流观点认为，有无野生茶树是确定茶树原产地的重要依据，但不是唯一依据，应当把野生茶树的存在、发现和利用综合起来分析才能确定。中国是最早发现和利用茶的国家，这已为大量的史实所证明，而实物依据在当时却成了一个争议的问题。随后大量的事实证明，我国有 10 个省区 198 处有野生大茶树，其中最有说服力的是云南古茶树群的发现。

1993 年 4 月在云南思茅举办的第一届中国普洱茶叶节期间召开了"中国古茶树遗产保护研讨会"，9 个国家和地区的 181 位自然科学和社会科学界的专家学者对古茶树、古茶园，特别是对澜沧邦崴古茶树进行了多学科的研究，根据生物进化和遗传与变异的理论，通过对茶树的分析研究，专家们认为，古茶树分为野生型、过渡型和栽培型，其中过渡型是较进化的野生型和较原始的栽培型的综合。邦崴古茶树是野生型和栽培型之间的过渡型古茶树，树龄已千年。与会专家还在微观上对邦崴古茶树的染色体组型进行了分析研究，并与云南大叶种和印度阿萨姆种的核型进行了对比，发现邦崴古茶树核型的对称性更高。根据植物染色体进化的理论，邦崴古茶树较一般云南大叶种和印度阿萨姆种更原始，起源更早。

澜沧邦崴古茶树的发现和研究及其前后发现的勐海巴达野生型古茶树、镇源千家寨古茶树群、勐海南糯山栽培型古茶树、澜沧景迈山古茶园，构成了一个野生型、过渡型和栽培型的完整的茶树起源利用的体系。云南现已发现的古茶树、古茶园是研究茶树起源和利用的活化石，是证明茶树原产地在中国，中心在云南的实物依据。

在中国，关于野生大茶树的文献记载有很多，除了古书上记载外，在云贵川的深山大峡谷中，至今仍生长着许多野生茶树。数十年来，茶叶工作者在中国西南、华南各地陆续发现新的野生大茶树或野生茶树群落。其中最重要的是 1961 年云南勐海县巴达乡大黑山密林中发现一株高 32.12 米，胸围 2.9 米，树龄 1700 年的野生大茶树。

大量事实证明，中国的野生茶树资源丰富，中国是茶树的原产地。茶树经传播、人工栽培后适应范围已远超过原始生长地区。目前世界茶树分布区域界线，从北边的乌克兰到南边的南非茶树种植最为集中，产量亦最大。主要分布在亚热带和热带地区。而中国的茶树分布以云贵高原为中心，沿着河流的走向而分布到各产茶省份及地区。

云南临沧大雪山的大茶树（红色箭头处为采茶的茶农）

高耸入云的野生大茶树

① 湖南农业大学研究生在
云南考察古茶树
② 朱旗（左）、肖鸿
（右）在湖南农业大
学长安教学实习基地
（2016.4）
③ 朱旗与林治先生在云南
考察古茶树

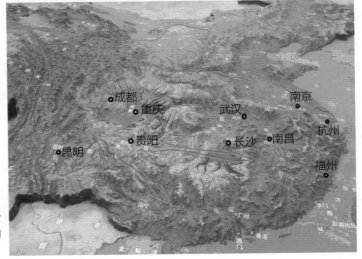

起源于云贵高原的茶树沿
江河传播并产生不同的
种类

二、智慧民族的开发

（一）六大茶类的划分

中华民族对茶叶的认识和利用经历了漫长的历史过程。从神农尝百草开始，首先可能是不作任何加工处理的生食，至秦汉年间则已普遍采用生煮羹饮，为便于一年四季的应用，就产生了采后晒干、研末、储藏备用之法，魏晋时代有了制饼茶的方法，唐代的《茶经》系统地介绍了当时制作饼茶的方法，发展到现代的六大茶类。

今天，我国茶叶类别繁多，品质风格各异。茶叶分类通过研究与比较茶叶同异，分门别类、合理排列，在混杂中建立起有条理的系统，从而能够识别其品质和制法的差异。科学家们在茶叶分类的划分上主要基于两点原则：茶叶加工的系统性和品质的系统性。茶叶种类的发展是根据加工而演变的，加工的变革造就了种类繁多的茶叶品种。茶叶一般分为初加工、再加工和深加工类。根据加工的不同，初加工分为六大类：绿茶、白茶、黄茶、青茶、红茶、黑茶，其产品叫毛茶。毛茶经过精加工，分出大小、长短、粗细、轻重后经拼配形成一系列产品，经过再加工则成为再加工产品，如花茶、紧压茶等。

国外茶叶的分类比较简单，欧洲按茶叶的商品特性进行分类，分为红茶、乌龙茶、绿茶三大茶类。日本则多根据茶叶发酵程度，将茶叶分为不发酵茶、全发酵茶、后发酵茶。

（二）茶树的选育与应用

茶树是异花授粉植物，后代为杂合体，具有较强的应用性。现有的原始杂合体群体是自然选择的结果，为人们进行人工选择和利用创造了丰富的遗传基础。

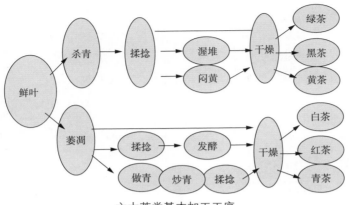

六大茶类基本加工工序

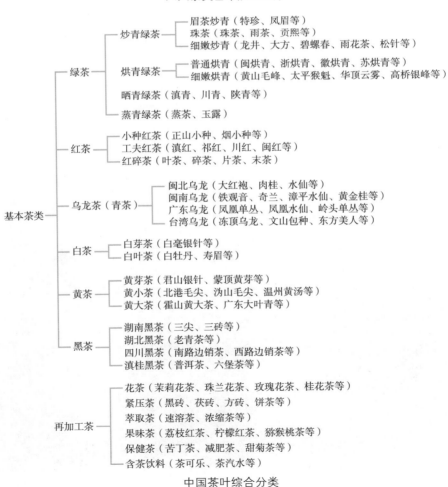

中国茶叶综合分类

　　茶树是多年生木本植物，从发现到利用，从野生型过渡到人工栽培型，经历了漫长的过程。西晋王浮《神异记》中称高大的茶树为"大茗"。唐朝陆羽《茶经》称"其巴山、峡川，有两人合抱者"，高可达数十尺，说明当时已有乔木型的野生茶树。

　　我们的先辈们，不仅从形态，也从叶子的色泽，从产地、品质、特性去认识茶树品种。陆羽《茶经》曰："紫者上，绿者次。笋者上，芽者次；叶卷者上，叶舒者次……。"

　　唐朝以前，茶树虽有野生和园生茶的区别，但未见种植方法上的文字记载。而陆羽的《茶经》中披露："凡艺而不实，植而罕茂，法如种瓜，三岁可采"。唐末韩鄂《四时纂要》曰："收茶子，熟时收取子，和湿沙土拌，置筐笼盛之，穰草盖之，不尔，即乃冻不生，至二月出种子"，古人对茶子的收取和处理，至今仍有一定的现实意义。

湖南农业大学施兆鹏教授在云台山观察安化云台大叶种的品种特性

茶树的无性繁殖至明代已有文献记载。明朝李日华《六研斋二笔》记载："摄山栖霞寺有茶坪，茶生榛莽中，非经人剪植者"。此处的剪植，既可理解为剪枝栽插，也可理解为压枝后剪枝，这应是茶树的无性繁殖方法。在我国福建茶区，应用无性繁殖方法较早，据说铁观音是200多年前采用无性繁殖方式育成的品种。

随着社会的进步和科技的发展，茶树的育种采用了很多方法，目前应用最多、取得效果最大的是引种和单株无性系选种，其次是杂交育种。茶树引种，首先应确定目标。确定的依据是当地生产上存在的问题和今后的发展方向。既要考虑被引品种在引种地区能否适应，又要满足相应茶类的要求。要把农业自然区划、茶树品种适应范围和茶类生产要求三者结合起来。

到2010年全国茶树品种鉴定委员会认定通过的国家级品种有123个，其中30个认定为传统品种，17个为有性系品种，其他为无性系品种；省级认定或登记的品种有130个左右，其中多数为红、绿兼制和绿茶品种，其次是乌龙茶品种，再次是红茶品种。

（三）我国推广面积较大的部分国家茶树良种

龙井43 选育单位：中国农业科学院茶叶研究所。主要特征特性：灌木，中叶，特早生，植株中等，树姿半开张，分枝密，芽叶纤细，绿稍带黄色，春梢基部有一淡红点，茸毛少，持嫩性较差，产量高，一芽三叶百芽重39.0克。芽叶生育力强，发芽整齐，耐采摘。春茶一芽二叶干样约含氨基酸3.7%、茶多酚18.5%、儿茶素总量12.1%、咖啡碱4.0%。产量高，每亩产量可达300公斤。适制茶类：绿茶，制龙井、旗枪等扁形茶品质优。制特级西湖龙井茶，外形扁平光滑、挺秀，色泽嫩绿，边缘糙米色，香气郁幽如兰，滋味甘醇爽口，叶底嫩黄成朵。抗寒性强，但抗高温和炭疽病较弱。扦插繁殖力强。适宜推广茶区：江南茶区、江北茶区。幼龄期生长缓慢，宜选择土层深厚、有机质丰富的土壤栽培。需分批及时嫩采。春季及时防治茶丽纹象和炭疽病，夏季防止高温灼伤。

楮叶齐 选育单位：湖南省农业科学院茶叶研究所。主要特征特性：灌木型，中叶类，中生种。树姿半开张，分枝较疏，叶片稍上斜状着生。芽叶黄绿

色，茸毛少，一芽三叶百芽重 120.0 克。新梢持嫩性强。春茶一芽二叶干样约含氨基酸 3.0%、茶多酚 27.4%。产量高，6龄茶树的茶园每亩产量可达 262 公斤。适制绿茶和红茶，制绿茶具栗香，制红碎茶味浓强鲜爽。抗寒性和抗病性均较强。扦插繁殖力强。适宜推广茶区：江南茶区，宜采用双行双株种植，3 次定型修剪，适时分批及时采。

黄观音 选育单位：福建省农业科学院茶叶研究所。主要特征特性：小乔木型，中叶类，早生种，植株较高大，树姿半开张，分枝较密，叶片呈水平状着生。芽叶黄绿微带紫色，茸毛少，一芽三叶百芽重 58.0 克。芽叶生育力强，发芽密，持嫩性较强。春茶一芽二叶干样约含氨基酸 2.3%、茶多酚 27.3%、儿茶素总量 12.6%、咖啡碱 3.5%。产量高，每亩产乌龙茶 200 公斤。适制乌龙茶、红茶和绿茶。制乌龙茶品质优异，条索紧结，色泽褐黄绿润，香气馥郁，滋味醇厚甘爽，制优率特高，制绿茶、红茶条索紧细，香气高爽，味醇厚。抗旱、抗寒性均强。扦插繁殖力强，成活率高。适宜在乌龙茶茶区及华南、西南茶区栽培。选择土层深厚的园地采用双行双株规格种植。加强茶园肥水管理，适时进行 3 次定型修剪。要分批留叶采摘，采养结合。

福鼎大白茶 选育单位：福建省福安市点头镇柏柳村。主要特征特性：小乔木型，中叶类，早生种。植株较高大，树姿半开张，分枝较密。叶椭圆形，芽叶黄绿色，茸毛特多，一芽三叶百芽重 63.0 克。芽叶生育力和持嫩性强，产量高，每亩可达 200 公斤以上。春茶一芽二叶干样约含氨基酸 4.3%、茶多酚 16.2%、儿茶素总量 11.4%、咖啡碱 4.4%。适制绿茶、红茶、白茶品质优。抗旱、

抗寒性强。扦插繁殖成活率高。适应在长江南北茶区栽培。园地要求土层深厚、肥沃，宜采用双行双株规格种植。加强茶园肥水管理，适时进行 3 次定型修剪。实行分批留叶采摘，注意采养结合。

英红 9 号　选育单位：广东省农业科学院茶叶研究所。主要特征特性：乔木，大叶，叶形椭圆，树姿半开张，分枝尚密，芽叶黄绿色，茸毛特多，持嫩性强，产量高，抗寒性、抗旱性及抗涝性较弱。适制茶类：红茶。适宜推广茶区：西南茶区、华南茶区。

梅占　选育单位：福建省安溪县芦田镇。主要特征特性：无性系，小乔木型，中叶类，中生种，植株较高大，树姿直立。芽叶绿色，茸毛较少，芽叶生育力强，持嫩性较强，产量高。适制茶类：青茶、红茶、绿茶。适宜推广茶区：江南茶区。

云抗 10 号　选育单位：云南省农业科学院茶叶研究所。主要特征特性：乔木型，大叶类，早生种。植株高大，主干显，树姿开张，分枝密，叶片稍上斜状着生。芽叶黄绿色，茸毛特多，一芽三叶百芽重 120.0 克。芽叶生育力强，新梢生育快，年生长 5~6 轮。春茶一芽二叶干样约含氨基酸 3.2%、茶多酚 35.0%、儿茶素总量 13.6%、咖啡碱 4.5%。每亩产量可达 250 公斤。适制红茶和绿茶。制红茶香高持久，滋味浓强鲜，制绿茶色翠显毫，花香持久，滋味浓厚，汤色翠绿。抗寒、抗旱性及抗茶饼病均较勐海大叶强。扦插成活率高。适宜在西南和华南最低温度 −5℃ 以上茶区栽培。双行双株或单株种植。严格定型修剪。投产后及时防治小绿叶蝉和茶饼病。

部分种植面积广的国家茶树良种

茶树名称	选育单位	主要特征	适制茶类	适宜茶区
龙井43	中国农业科学院茶叶研究所	灌木，中叶，特早生，植株中等，树姿半开张，分枝密，芽叶纤细，绿稍带黄色，茸毛少，持嫩性较差，产量高	绿茶	江南茶区 江北茶区
槠叶齐	湖南省农业科学院茶叶研究所	灌木型，中叶类，中生种。树姿半开张，分枝较疏，叶片稍上斜状着生。芽叶黄绿色，茸毛少	绿茶 红茶	江南茶区
黄观音	福建省农业科学院茶叶研究所	乔木型，中叶类，早生种，植株较高大，树姿半开张，分枝较密，叶片呈水平状着生。芽叶黄绿微带紫色，茸毛少，芽叶生育力强，发芽密，持嫩性较强	青茶 红茶 绿茶	华南茶区 西南茶区
福鼎大白茶	福建省福安市点头镇柏柳村	小乔木，中叶，早生种。植株较高大，树姿半开张，分枝较密。叶椭圆形，芽叶黄绿色，茸毛特多	绿茶 红茶 白茶	江南茶区 江北茶区
英红9号	广东省农业科学院茶叶研究所	乔木，大叶，叶形椭圆，树姿半开张，分枝尚密，芽叶黄绿色，茸毛特多，持嫩性强，产量高，抗寒性、抗旱性及抗涝性较弱	红茶	西南茶区 华南茶区
梅占	福建省安溪县芦田镇	无性系，小乔木型，中叶类，中生种，植株较高大，树姿直立。芽叶绿色，茸毛较少，芽叶生育力强，持嫩性较强，产量高	青茶 红茶 绿茶	江南茶区
云抗10号	云南省农业科学院茶叶研究所	乔木型，大叶类，早生种。植株高大，主干显，树姿开张，分枝密，叶片稍上斜状着生。芽叶黄绿色，茸毛特多，芽叶生育力强	红茶 绿茶	西南茶区 华南茶区

第四篇
加工：黑毛茶加工与生产地域

　　物华天宝，人杰地灵。物种的差异性是大自然的选择，品质化学的差异性是世代遗传的结果，东方树叶的开发是华夏子孙的贡献。同一片树叶，经过不同的制作工艺，内含成分发生了一系列不同的分解、转化与合成，最终形成品质风格迥异的茶类。先辈们智慧地利用不同的工艺和技术参数，鬼斧神工般地让一片树叶涅槃重生，滋润着你的味蕾。黑茶，这一种被湿热反应及微生物胞外酶共同作用的产物，在中国大地全面建设小康社会的今日焕发出从未有过的魅力，为现代人们的生活提供新的健康要素。

一、黑毛茶工艺与原理

黑毛茶是加工黑茶成品的原料，经过黑茶精制工艺再加工而成的黑茶产品已成为边疆游牧民族日常的生活必需品，那里历来有"宁可三日无食，不得一日无茶"的说法。黑毛茶虽然产地不同，种类繁多，但有共同的特点，即鲜叶原料较粗老，都有渥堆变色工艺。黑茶初加工的原料要有一定成熟度，多用形成驻芽的新梢，由于芽叶较粗老，原料的采收方式为采割。一年中一般采割两次，第一次在5月中下旬，第二次在7月中下旬，采割一芽四五叶新梢。因此，黑毛茶外形粗大，叶大梗长，一级相当于三级红毛茶。

黑毛茶主要在湖南、湖北、四川、云南、广西等地生产。黑毛茶经加工后的成品茶有湖南的"三尖"，即天尖、贡尖和生尖；"四砖"，即黑砖、花砖、茯砖和青砖，"一花卷"，即千两茶。湖南黑茶、湖北青砖茶、广西六堡茶、四川南路边销茶和西路边销茶，以及云南的紧压茶、陕西泾阳茯砖茶等，年产量约占全国茶叶产量的1/4。

黑毛茶加工分为杀青、揉捻、渥堆、干燥等工序，其中渥堆是黑茶品质形成的关键工序。

黑毛茶杀青的目的与绿茶类似，即利用高温辐射快速钝化氧化酶的活性。由于黑毛茶原料较粗老，杀青时为避免水分不足而导致杀青不匀、不透，杀青前都要洒水，以确保高温的水蒸汽能钝化细胞内酶的活性，也称为"洒水灌浆"。杀青通常分为手工杀青和机械杀青两种方式。传统手工杀青采用锅杀，杀青者右手持叉、左手握草把（现多为棕榈刷），将鲜叶在铁锅中转滚闷炒，技术难度大且劳动效率不高。目前，黑毛茶产区普遍采用滚筒机械杀青方法，同样由于黑茶鲜叶较为粗老，在使用滚筒杀青机时需要根据原料特性适量洒水。

黑毛茶揉捻分为初揉和复揉两道工序。初步揉捻主要为了保证茶叶初步成条，茶汁揉出粘附于叶片表面，为渥堆创造条件，由于原料较粗老，杀青叶要趁热揉捻；复揉则是为了使渥堆后回松的茶条卷紧，要注意加压的力度，以防揉烂叶片。

渥堆是黑毛茶初制中的特有工序，也是黑毛茶品质形成的关键工序。渥堆是将揉捻叶趁热堆积成0.8~1米的茶堆，历时12~24小时。渥堆过程中，在水、温度、微生物等因素的共同作用下，茶叶中的内含物质发生一系列复杂的理化反应，从而形成黑毛茶特殊的品质风味，表现为黑毛茶虽然粗老，但香味醇和不粗涩，汤色橙黄，风味不同于其他茶类，形成了独具一格的品质风格。

黑毛茶的干燥与其他茶类的干燥工序目的相同，主要是散失水分，巩固已形成的品质特征。同时在干燥过程中，进一步发展和形成黑茶特有的品质风格。因产地不同，通常采用晒干、烘干和机械干燥三种方式，传统上采用明火或烟熏焙干的方式，其产品有特殊的松烟香。近年来，由于科学研究发现在烟雾中有许多如多环芳烃类物质存在，有碍人体健康，因此采用松柴明火烘焙的方式正在逐步取消。

二、黑毛茶加工

1. 湖南黑毛茶

安化黑茶生产始于小淹镇的苞芷园，此后向资江上游发展，小淹、江南、边江、酉州、黄沙坪、东坪、马路、柘溪、田庄、仙溪等乡镇均为安化黑茶传统产区。安化黑毛茶要求外形条索较紧结肥壮、黑褐油润，内质汤色橙黄透亮，香气纯正或带松烟香，滋味浓厚或醇厚或微涩，叶底肥厚黄褐。历史上"六洞二溪茶"以品质极佳著称。

传统安化黑毛茶原料分为四级，一、二级用于加工天尖、贡尖和生尖，其中生尖原料较老；三级用于加工花砖和特制茯砖；四级用于加工普通茯砖和黑砖。

黑毛茶外形条索卷折，色泽黄褐油润；内质香味纯和，且带松烟味，汤色橙黄，叶底黄褐。其初加工分杀青、初揉、渥堆、复揉和烘焙等五道工序。

（1）鲜叶采割

加工黑毛茶的鲜叶既要新鲜又要达到一定的成熟度。采割标准可分四个等级：一级以一芽三四叶为主，二级以一芽四五叶为主，三级以一芽五六叶为主，四级以"开面"为主。黑茶采割次数少，一般每年只采两次，第一次在5月中下旬，第二次在7月中下旬。各地采留习惯不一，有的留新桩，如汉寿、沅江和益阳北部地区；有的留新叶，如桃江、宁乡等县。采摘的方法因鲜叶老嫩不一，有的用手采，有的用铜（或铁）扎子采

黑毛茶机采原料

生产中鲜叶摊放

或用刀割。目前由于劳动力缺少，除采制高档黑茶外一般用采茶机采割。

采割下来的鲜叶，应尽快送往茶厂，摊放在洁净阴凉的场所，不得堆积过厚，要经常翻动，严防鲜叶发热变质。产区都有"日采夜制"的习惯，来不及加工的鲜叶，必须老嫩分开摊放，掌握先采先制、嫩叶先制的原则。

（2）杀青

黑毛茶杀青前要对原料进行洒水灌浆处理，杀青方法传统上采用手工杀青，目前大多采用机械杀青。

手工杀青：传统黑毛茶杀青，为便于翻炒和提高功效，一般在齐腰高的斜灶上安装口径接近1米的铁锅，锅内杀青。杀青时锅温要高，但又不可过高；投叶量要足，但又不能影响杀青效果。鲜叶入锅后，立即以双手均匀快炒的方式杀青，炒至烫手时改用右手持炒茶叉，左手握草把，从右至左转滚闷炒，俗称"渥叉"，渥叉使叶温升高，达到杀青匀透。当蒸汽大量出现时，用炒茶叉将叶子掀散抖炒，俗称"亮叉"，亮叉以散发水分，防止产生水闷气。如此渥叉与亮叉反复进行几次，待到嫩叶缠叉、叶软带黏性、散发出清香味时为杀青适度，此时迅速用草把或棕榈刷将杀青叶从锅中扫出。

机械杀青：黑毛茶产区现已普遍采用滚筒式杀青机杀青，当锅温达到杀青要求时，开始投放鲜叶。操作方法与大宗绿茶杀青基本相同，但杀青温度要高于绿茶，杀青过程中不必开启排风扇，以增强闷炒的作用。杀青程度以叶色由青绿变为暗绿、青气基本消失、发出特殊清香气味、茎梗折而不断、叶片柔软、稍有黏性为度。

（3）揉捻

湖南黑毛茶揉捻分初揉和复揉二次进行，初揉在杀青后趁热揉捻。目前使用的揉捻机主要有55型和40型两种：前者为中型揉捻机，投叶量25kg左右，后者为小型揉捻机，投叶量5kg左右。中型揉捻机因投叶量多，可保持叶温，成条效果好，工作效率高，因此，初揉一般采用中型揉捻机，而复揉采用小型揉捻机。

揉捻都要掌握"轻、重、轻"的原则，以松压和轻压为主，即采用"轻压、短时、慢揉"的方法。若揉捻加压、时间长、转速快，则会使叶肉与叶脉分离，形成"丝瓜瓤"状，茎梗的表皮剥脱，形成"脱皮梗"，而且大部分叶片并不会因重压而折叠成条，对品质并不利。据试验，初揉转速37r/min左右为好，加轻压或中压，时间一刻钟左右。复揉时将渥堆适度的茶坯解块后再上机揉捻，揉捻方法与初揉相同，但加压更轻，时间更短，少于一刻钟。

揉捻程度：初揉以较嫩叶卷成条状，粗老叶大部分折皱，小部分成"泥鳅"状，茶汁流出，叶色黄绿，不含扁片叶、碎片茶、丝瓜瓤茶和脱皮梗茶少，细胞破坏率15%～30%为度。复揉以一、

揉捻适度示意图

二级茶揉至条索紧卷，三级茶揉至泥鳅状茶条增多，四级茶揉至叶片折皱为适度。

（4）渥堆

渥堆选择背窗、清洁、无异味、避免日光直射的场地进行。适宜的渥堆条件是室温在25℃以上，相对湿度在85%左右，茶坯含水量在65%左右。如初揉叶含水量低，可浇少量清水或温水，要求喷细、喷匀，以利渥堆。初揉下机的茶坯，无需解块直接进行渥堆，将茶叶堆积起来，堆成高约1米、宽70厘米的长方形堆，上面加盖湿布等物以保温保湿。茶堆的松紧度要适当，既要有利于保温保湿，又要防止过紧，以免造成堆

内缺氧，从而影响渥堆质量。在渥堆过程中，一般不翻动，但如果气温过高，堆温超过45℃则要翻动一次，以免烧坏茶坯。正常情况下，开始渥堆叶温为30℃，经过24小时后，堆温可达43℃左右。

当茶堆表面出现凝结的水珠，叶色由暗绿变为黄褐，青气消除，发出酒糟气味，附在叶表面的茶汁被叶片吸收，手伸入茶堆感觉发热，叶片黏性减少，结块茶团一打即散为适度。如果茶坯叶色黄绿，有青气味，黏性大，茶团不易解散，则需继续渥堆；如果茶坯摸之有泥滑感，有酸馊气味，用手搓揉时叶肉叶脉分离，形成丝瓜瓤状，叶色乌暗，

渥堆示意图

七星灶（左）
黑毛茶（右）

日晒干燥

汤色浑浊，香味淡薄，则渥堆已过度。渥堆过度茶叶不宜复揉，应单独处理，不与正常茶叶混合。

（5）干燥

湖南黑毛茶传统干燥方法有别于其他茶类，在特砌的"七星灶"上用松柴明火烘焙。因此，黑毛茶带有特殊的松烟香味，俗称"松茶"。

七星灶由灶身、火门、七星孔、匀温坡和焙床五部分组成。烘焙时，须先将焙帘和匀温坡打扫干净，然后生火。将松柴（不能用其他燃料）以堆架方式摆在灶口处，然后点火燃烧，保持均匀火力，借风力使火温透入七星孔内，沿着匀温坡使火均匀地扩散到焙床的焙帘上。当焙帘达到一定温度时，即可撒上第一层茶坯，厚度2~3cm，待茶坯烘至六七成干时，再撒第二层叶坯。照此办法，连续撒到5~7层，总厚度为18~20cm，不超过焙框高度。当最后一层茶坯烘到七八成干时，即退火翻焙。翻焙时，用特制的铁叉，把上层茶坯翻到底层，底层茶坯翻到上层，使上中下茶坯受热均匀，干燥均匀。干燥适度的标准为当茎梗折而易断，叶子手捏成末，嗅有锐鼻松香，含水量8%~10%，即为干燥适度。全程烘焙时间3~4小时。

2. 湖北老青茶

加工青砖茶的原料称为老青茶，分为里茶和面茶，压制砖茶表层的茶坯称为"面茶"，砖茶里层的茶坯称为"里茶"。老青茶主要产地在鄂南的蒲圻、咸宁、通山、崇阳、通城等县。鲜叶采割标准按茎梗皮色分为三级：一级茶（洒面茶）以白梗为主，稍带红梗，即嫩茎基部呈红色（俗称乌巅白梗红脚）；二级茶（二面茶）以红梗为主，顶部稍带白梗；三级茶（里茶）为当年生红梗，不带麻梗。

老青茶面茶制作工艺较精细，里茶较粗放。面茶的制作工序为：杀青、初揉、初晒、复炒、复揉、渥堆、干燥等七道工序。里茶的制作工序为：杀青、揉捻、渥堆、干燥等四道工序。

（1）杀青

一般使用锅式或筒式杀青机杀青。在高温下快速钝化氧化酶系活性，当叶色变为暗绿，叶质变得柔软，发出香气时即可出茶。杀青时，应注意高温短时、以闷炒为主，做到杀匀杀透、不生不焦，以便揉捻造型。如鲜叶叶质粗硬或天气干燥，叶子含水分较少时，可适当洒些水，再进行杀青。杀青完成后，出茶要迅速，防止烧焦，产生烟焦味。

（2）初揉

老青茶必须趁热揉捻，一般采用40型和55型机械揉捻，40型揉捻机可揉杀青叶8公斤左右，55型揉捻机可揉杀青叶25公斤左右。由于杀青是闷杀，叶表面附着一些水分，开始切忌重揉，否则叶子易互相贴紧，不便中间叶片翻动卷成条形。揉捻加压时要由轻到重，逐步加压，当茶汁揉出，叶片卷绉，初具条形为适度。

（3）初晒

初揉叶要日晒，将初揉后的茶坯放在清洁卫生的水泥场上或晒垫上用阳光晒，以蒸发部分水分，使初揉叶的外形得以固定。在晒的过程中，要注意经常翻动，晒至茶条略感刺手，握之有爽手感，松手有弹性，即可收拢成堆，以使叶间水分重新分布均匀。

（4）复炒

初晒后的茶坯要放入炒锅中复炒加热，目的是使初晒叶受热回软，以便复揉成条。复炒仍在杀青机中进行，但温度较低，须加盖闷炒，待盖缝冒出水汽，手握复炒叶有柔软感，立即出锅，趁热复揉。

（5）复揉

复揉在中、小型揉捻机中进行，目的是使茶条进一步卷紧，揉出茶汁，以利渥堆。复揉采用由轻到重的加压方式，但以重压为主，以提高叶细胞破损率，增加茶汤浓度。

（6）渥堆

将复揉后的茶坯按里茶和面茶用铁耙分别筑成长方形小堆，边缘部分要踩紧踩实，以便茶堆温度上升。要求洒面、二面茶坯的含水量为26%，里茶为36%，一般渥堆两次，中间翻堆一次。约经3~5天，面茶堆温达到50℃~55℃，堆顶布满红色水珠，叶色变为黄褐色；里茶堆温达到60℃~65℃，堆顶满布猪肝色水珠，叶色变为猪肝色，茶梗变红，即为第一次渥堆适度。这时需要进行翻堆，用铁

耙将茶堆扒开，打散团块，将边缘部分翻到中心，堆底部分翻到堆顶，重新筑堆。再经过几天待茶堆重新出现上述水珠和叶色，原有粗青气已消失，含水量接近手握之有刺手感，即为渥堆适度，应及时翻堆出晒。渥堆时间的长短，因茶坯含水量多少、茶堆大小和气温高低不同有较大差异。为了正确掌握渥堆中的翻堆时间，必须勤加检查，做到三多：多看，看堆面水汽变化；多摸，手插入堆内，试探堆温；多嗅，一般开始为水气味，逐步转变为青臭气味、酸气味，到后期发出香气时，即为渥堆适度。

（7）干燥

老青茶干燥，一般采用晒干法，目前也采用烘干机干燥。晒干时，为避免泥沙和其他夹杂物混入茶内，应摊放在水泥场上或晒垫上晒干，切忌晒在泥地上。晒至手握茶条感觉刺手，茶梗一折可断即可。

3.四川黑茶

四川边茶生产历史悠久，宋代以来历朝官府推行"茶马法"，明代就在四川雅安、天全等地设立管理茶马交换的"茶马司"，后改为"批验茶引站"。清朝乾隆年间，规定雅安、天全、荥经等地所产边茶专销康藏，称"南路边茶"；灌县、崇庆、大邑等地所生产边茶专销川西北松潘、理县等地，称"西路边茶"。

（1）南路边茶

南路边茶是四川边茶的大宗产品，

四川藏茶边销转内销后改良生产流程图（图片来源：四川在线）
（①~③：杀青；④：揉捻；⑤~⑥：蒸制渥堆；⑦：翻堆；⑧~⑩：筑制；⑪：封包；⑫：成品）

过去分为毛尖、芽细、康砖、金尖、金玉、金仓六个品种，现在简化为康砖、金尖两个品种。以雅安、乐山为主产地区，现已扩大到全省及重庆市，集中在雅安、宜宾、重庆等地压制。

南路边茶因鲜叶加工方法不同，把毛茶分为两种：杀青后未经蒸揉而直接干燥的，称"毛庄茶"或叫金玉茶，毛庄茶制法简单，品质较差。杀青后经多次蒸揉和渥堆然后干燥的，称"做庄茶"。茶区已推广做庄茶，而逐步淘汰毛庄茶。做庄茶传统做法工艺较繁琐，最多的要经过一炒、三蒸、三踩、四堆、四晒、二拣、一筛共18道工序，最少的也要经14道工序。经过茶叶工作者的不断改进，其工艺目前已简化。

做庄茶的传统工艺

杀青 传统杀青法是用直径1米左右的大锅杀青，在高温下快速钝化氧化酶活性，投叶量约20公斤左右，采用先闷炒，后翻炒，翻闷结合，以闷为主的杀青方法，待到杀青适度即可出锅。现在一般采用90型杀青机杀青，高温下闷炒7~8分钟，待叶面失去光泽，叶质变软，梗折不断，伴有茶香散出，即可出锅。

渥堆 渥堆是做庄茶的重要工序，要形成做庄茶的品质特征需进行多次渥堆，少的也要进行三次以上。杀青后第一次渥堆要趁热堆积，堆温保持60℃左右，叶色由暗绿转化为淡黄为度。随后渥堆的目的主要是去掉青涩味，并产生良好的汤色和滋味，待到叶色转为深红褐色，堆面出现水珠，即可开堆。如叶色过淡，应延长最后一次渥堆时间，直到符合要求时再晒干。

蒸茶 目的是使叶受热后，增加叶片韧性，便于脱梗和揉条。将茶坯装入蒸桶内，放在铁锅上烧水蒸茶。蒸茶用的蒸桶，俗称"甑"，蒸到斗笠形蒸盖汽水下滴，桶内茶坯下陷，叶质柔软即可。

揉捻 为使叶片细胞破损，缩小体积，皱折茶条，一般采用中、大型揉捻机进行揉捻，分三次进行。第一次使梗叶分离，不加压揉捻；第二、三次使叶片细胞破损和皱折茶条，根据茶叶老嫩，边揉捻边加压，八九成叶片卷曲成条即可。

拣梗、筛分 第二、三次渥堆后各拣梗一次，对照规定的梗量标准，10厘米以上的长梗都要拣净。第三次晒后进行筛分，将粗细分开，分别蒸、渥堆，然后晒干。

晒茶（干燥） 为满足蒸揉对不同干度的要求，摊晒程度适当是做好做庄茶的关键之一，摊晒一般分为三次进行，每次晒茶含水量逐步减少。传统制法的干燥，以晒干为主，但受天气影响较大，目前一般采用机械干燥。

做庄茶新工艺

由雅安茶厂和蒙山茶场等单位共同研究，简化了制造工艺，分蒸青、初揉、初干、复揉、渥堆、足干等工序。

蒸青 将鲜叶装入蒸桶，放在沸水锅上蒸，待蒸汽从盖口冒出，叶质变软时即可，时间约8~10分钟。如在锅炉蒸汽发生器上蒸，只要1~2分钟。

揉捻 揉捻分两次进行，现已采用机械揉捻。鲜叶杀青后，趁热初揉，目的是使叶片与茶梗分离，及时进行初干，趁热进行第二次揉捻，边揉边加轻压，以揉成条形而不破碎为度，复捻后及时渥堆。

渥堆 渥堆方法有自然渥堆和加温保湿渥堆两种。自然渥堆是将揉捻叶趁热堆积，茶堆表面用席子密盖，以保持堆内温湿度。约经2~3天，茶堆面上有热气冒出，堆内温度上升到70℃左右时，应用木叉翻堆一次，将表层堆叶翻入堆心，重新整理成堆。堆温不能超过80℃，否则，堆叶会烧坏变黑。翻堆后再渥堆几天，待堆面再出现水汽凝结的水珠，叶色转变为黄褐色或棕褐色，即为渥堆适度，开堆拣去粗梗即可进行第二次干燥。加温保湿渥堆是在特建的渥堆房中进行的，室内保持一定的温度和湿度条件，空气流通，茶坯的含水量为28%左右。在这种条件下，渥堆过程可控，渥堆产品质量好，并可一定程度地提高水浸出物总量。

干燥 做庄茶干燥分两次进行，第一次初烘达四成干，第二次上烘至九成干。普遍采用机器干燥的方式进行。

（2）西路边茶

西路边茶包括四川灌县、川北一带生产的边销茶，用篾包包装。灌县所产的为长方形包，称方包茶，川北所产的为圆形包，称圆包茶。目前已按方包茶规格要求进行加工。

西路边茶原料比南路边茶粗老，以刈割1~2年生枝条为原料，是一种最粗老的茶叶。产区大都实行粗细兼采制度，一般在春茶采摘一次细茶之后，再刈割边茶。有的一年刈割一次边茶，称为"单季刀"，边茶产量高，质量也好，但细茶产量较低。有的两年刈割一次边茶，称为"双季刀"，虽有利于粗细茶兼收，但边茶质量较低。有的隔几年刈割一次边茶，称为"多季刀"，茶枝粗老，质量差，不能适应产销要求。生产的成品茶有茯砖和方包两种。

西路边茶初制工艺简单，将刈割的枝条杀青后直接干燥的"毛庄金玉茶"，作为茯砖的原料，含梗量20%。将刈割的枝条直接晒干的，作为方包茶的配料，含梗达60%左右。

4. 广西六堡茶

六堡茶因产于广西苍梧县六堡乡而得名，目前除苍梧县以外，岭溪、贺县、横县、昭平等地也有生产。六堡茶的采摘标准为一芽二三叶至四五叶，采后保持新鲜，当天采当天付制。六堡茶的加工工序为：杀青、揉捻、渥堆、复揉、干燥等五道工序，六堡茶是传统黑茶产品中原料选用最精细的一个茶类。

（1）杀青

六堡茶的杀青与绿茶杀青相同，但其特点是低温杀青。杀青方法有手工杀青和机械杀青两种。手工杀青采用铁锅，投叶后，先闷炒，后抖炒，然后抖闷结合，动作是先慢后快，做到老叶多闷少抖，嫩叶多抖少闷。炒至叶质柔软，叶色变为暗绿色，略有黏性，发出清香为适度。目前一般采用机器杀青。如果鲜叶过老或夏季高温干燥，可先喷少量清水再杀青。

（2）揉捻

六堡茶的揉捻以整形为主，细胞破碎率为辅。因对六堡茶的品质要求为耐冲泡，故细胞破损率不宜太大。嫩叶揉捻前须进行短时摊凉，粗老叶则须趁热揉捻，以利成条。投叶量以加压后占茶机揉桶容积一大半为好。揉捻采用轻、重、轻的原则，先轻揉再进行解块筛分，再上机复揉。

（3）渥堆

渥堆也是形成六堡茶独特品质的关键性工序。揉捻叶经解块后，立即进行渥堆，渥堆厚度视气温高低、湿度大小、叶质老嫩而定。气温低、叶质老、湿度小时，渥堆时间略长，反之，则较短。一般堆高较安化黑茶堆子要矮，渥堆过程严密监控堆温，堆温过高要立即翻堆散热，以免烧堆变质。在渥堆过程中，为保证渥堆均匀需要翻堆1~2次，将边上茶坯翻入中心。渥堆时间视具体情况而定，一般待叶色变为深黄带褐色，茶坯出现黏汁，发出特有的醇香，即为渥堆适度。二叶以上的嫩叶，揉捻后先经低温烘至五六成干再进行渥堆，否则，容易渥坏或馊酸。

（4）复揉

经渥堆后的茶坯，有部分水分散失，条索回松，同时堆内堆外茶坯干湿不匀，通过复揉使茶汁互相浸润，干湿一致，并使条索卷紧，以利干燥。复揉前最好烘热一下，低温烘至茶坯受热回软，以利成条。复揉要轻压轻揉，使条索达到细紧为止。

（5）干燥

六堡茶的干燥是在七星灶上采用松柴明火烘焙。烘焙分毛火和足火两次进行，毛火高温烘焙，烘焙过程要求随时关注茶坯情况并及时翻动，使茶坯受热均匀，干燥一致，烘至六七成干时下焙。

摊凉后再行足火干燥。足火采用低温厚堆长烘至九成干即可下烘。六堡茶干燥切忌以晒代烘，并切忌用有异味的樟木、油松等木柴或湿柴干燥，以免影响品质。

三、黑茶与微生物

黑茶的品质形成分为初加工和精加工两个阶段。黑茶初制过程中，渥堆是其品质形成的关键工艺。微生物以茶叶为底物，通过代谢途径改变茶叶生化成分，形成黑茶特有品质。经初加工后的产品为黑毛茶，黑毛茶经过1~2年的存放，经精加工的筛分、拣梗、风选形成各筛号茶，再根据各黑茶产品的要求进行拼配、加工后成为黑茶产品。其中与微生物关联较大的工艺为"发花"工艺，是茯砖茶特有的一道加工工序，即将压制好的茶砖放入控温控湿的烘房内，促使茶砖内部生长出一种名为冠突散囊菌的金黄色颗粒（俗称"金花"）。通过冠突散囊菌的生长发育，转化茶叶底物，形成茯砖茶特有的菌花香品质特征。

（一）微生物的产生与工艺

黑茶初制工序为杀青、揉捻、渥堆和干燥。渥堆是黑茶初制品质形成的关键，其实质为微生物在湿热作用下呼吸放热、利用胞外酶活性以理化作用和生化作用为动力促进茶叶底物内含成分的变化，形成叶色黑润、滋味醇和、香气纯正或带陈香、汤色红黄明亮的品质特征。而微生物的来源并非人工接种，通过对黑茶微生物的溯源分析发现，渥堆过程中的微生物主要来源于茶树生长区域的空气、茶树内生和茶叶加工环境中。黑茶制造过程中，鲜茶叶上沾附的微生物经过杀青几乎全被杀死，在以后的揉捻、渥堆（初期）过程中又重新沾染微生物，渥堆3小时，微生物逐渐增多。温琼英老前辈的研究结果显示，渥堆中起主导作用的是假丝酵母菌，中后期霉菌则有所上升，其中以黑曲霉为主，还有少量青霉和芽枝霉。黑茶渥堆初期还有大量细菌参与，主要是无芽孢细菌和少量芽孢细菌。

（二）黑茶微生物种类及作用

黑茶渥堆中存在大量微生物，具体表现为：渥堆前期，微生物数量会迅速增加，达到高峰期以后逐渐下降。大量研究结果显示：无论是大生产试验还是模拟实验，霉菌（芽枝霉、青霉、黑曲霉）数量总是占优势地位，酵母菌总数居次，细菌（球菌、芽孢细菌）最少。

酵母菌是黑茶渥堆过程中的常见菌，也是发酵前期的优势菌，数量随渥堆时间的延长而持续增加。它含有丰富的酶系统和生理活性物质。酵母菌在渥堆过程中数量巨大，尤其是生香酵母能够产生酒精和酯物质，这种甜酒香味常被作为控制渥堆适度的标准。在酵母菌的作用下，茶叶基质中的多糖转化为单糖，提升了黑茶的陈香、醇、甘、滑等品质特点，酵母菌对黑茶的品质形成具有较大影响。

冠突散囊菌是茯砖茶"发花"期间的特有优势菌。冠突散囊菌能产生各种胞外酶，促进茶叶中各种大分子物质催化转化为可供利用的生物小分子，进而改变黑茶表观、茶汤色泽及生物活性等。

渥堆中后期的微生物群系以霉菌为主体，其中黑曲霉和青霉为优势种，其所分泌的酶及其他代谢产物能促进茶叶中的有机物质分解、氧化与转化。黑曲霉是分泌胞外酶极为丰富的菌种，它不仅可以分泌纤维素酶、果胶酶、脂肪酶等水解酶类，还可以分泌氧化酶类中最重要的多酚氧化酶。黑曲霉产生的单宁酸能使单宁降解，产生没食子酸，形成黑茶深红的汤色。青霉也是渥堆过程中的优势微生物之一，青霉产生的高纤维素酶能够水解纤维，增加茶叶中单糖、双糖和寡糖的含量，赋予黑茶茶汤更多的回甘滋味。此外，青霉发酵过后的菌丝中含有丰富的蛋白质、矿物质和B族维生素，其代谢生成的青霉素能够有效抑制和消除杂菌、腐败菌的生长，对黑茶品质的形成也可能有辅助作用。优势菌株黑曲霉和青霉可以作为发酵用菌种，促进黑茶的渥堆发酵。

除酵母菌和霉菌外，大量细菌自始至终参与着渥堆的全过程，其中以无芽孢细菌为主，还有少量芽孢细菌和球菌。细菌通过新陈代谢作用释放大量的热能，这对黑茶渥堆过程中温度的控制具有重要意义。

（三）微生物与黑茶品质的关系

黑茶在我国各地均有加工生产。由于地域、环境的差异，黑茶出现了不同的花色品质和压制形态。尽管黑茶产地不同、加工工艺有一定差异，但都通过渥堆发酵这一工序加速陈化增进茶的香气和茶汤色泽。渥堆（Pile Fermentation）发酵是黑茶加工过程中形成其特有品质的关键。经过渥堆发酵，茶叶中的内含成分发生巨大的改变，从而形成黑茶特有的品质特征。根据渥堆叶内在变化的

动力不同将黑茶渥堆过程分为两个阶段：渥堆前期，主要是热物理化学变化；渥堆后期，则以微生物酶促作用为主，热物理化学生化为辅。黑茶渥堆发酵的过程实际是在微生物胞外酶主导的生化动力、热主导的物化动力以及微生物代谢共同作用下，发生一系列酶促反应。这些反应包括茶多酚的氧化、缩合；蛋白质的分解、降解；碳水化合物分解及产物之间的聚合；脂类物质的氧化、缩合等反应。大分子碳水化合物分解为小分子可溶性糖，呈现出茶汤"甘"的品质。大分子蛋白质被微生物分泌的蛋白酶分解成氨基酸，呈现出茶汤"醇"与"鲜"的口感。

色泽是衡量黑茶品质最直观的因素，是茶叶中水溶性及脂溶性色素的综合反映。黑茶注重渥堆工序，要求叶色棕褐油润，汤色橙黄或红浓。决定茶叶外形色泽的是脂溶性色素，而水溶性色素则对黑茶橙黄明亮汤色的形成起到积极的作用。冠突散囊菌在生长过程中可分泌水溶性褐色素，同时，儿茶素在微生物胞外酶——多酚氧化酶的作用下，完成初级氧化生成淡黄色的双黄烷醇的中间产物，再经次级氧化聚合生成黄色的茶黄素、红色的茶红素以及褐色的茶褐素等物质，进而影响黑茶的色泽。渥堆期间茶多酚经微生物酶促氧化和自动氧化并与茶叶中其他的化合物如蛋白质结合形成难溶于水的深色高聚物，从而产生黑茶褐色的外形及叶底色泽。在渥堆过程中通过控制微生物种群和数量使黑茶黄酮醇类均衡降解与转化，可以改善黑茶品质、提高黑茶质量，微生物作用间接影响了色素成分的转化进而改变叶底和茶汤的色泽。决定黑茶汤色的主要色素物质是茶黄素（TFs）、茶红素（TRs）、茶褐素（TB）。冠突散囊菌在生长过程中可分泌水溶性褐色素，而黑茶中的水溶性色素对黑茶橙黄明亮汤色的形成起到积极的作用。在黑茶加工过程中，微生物通过自身代谢活动产生的色素或胞外酶作用引起的氧化反应直接或间接对黑茶的色泽产生影响。

香气是评判茶叶品质的重要因素，各地黑茶的香气各具特色，其主要原因在于香气组分配比之间的不同。香气是决定茶叶品质的重要因子。迄今为止，从各类茶叶中已分离并鉴定的香气物质有700余种。黑茶特征香气的形成来自茶叶本身芳香物质的转化、微生物及其胞外酶对底物的作用以及烘焙过程中的吸附作用。也就是说，黑茶在渥堆过程中，在强烈的水热作用及微生物胞外酶的作用下，茶叶中固有的香气成分和各种香气物质（如糖类、氨基酸、脂肪、类胡萝卜素、萜烯甙、儿茶素及产物等）发生转化、异构、解／聚合、偶联等反应，形成了以萜烯醇类和酚类为主体的香气组分。黑茶的香气除基本茶香和干燥过程中吸附的特殊香气外，大部分来源于渥堆过程中的微生物及其胞外酶对香气成分的转化作用。

滋味因子在黑茶品种综合判定中占有重要比重，茶多酚、咖啡碱、茶氨酸是影响黑茶滋味的三种主要成分：茶多酚含量越低，滋味越醇和；咖啡碱是茶汤中的苦味来源；而氨基酸则是黑茶香气、滋味呈味物质形成的重要前体物质。儿茶素是茶叶中茶多酚类物质的主要组分之一，按分子结构可将其分为非酯型（简单儿茶素）和酯型儿茶素（复杂儿茶素）两类，酯型儿茶素苦涩味较强，非酯型儿茶素爽口、涩味弱。黑茶渥堆中微生物分泌的胞外多酚氧化酶加速了儿茶素转化成为茶黄素、茶红素与茶褐素等有色物质。茶叶中多酚类物质的转化使酯型儿茶素的含量大量减少，导致茶汤的收敛性与苦涩性降低。生物碱是茶汤苦味的主要贡献者，与茶黄素反应形成的复合物可以增加茶汤的鲜爽味。黑茶中的主要生物碱是咖啡碱，其次是可可碱和茶碱。咖啡碱是构成茶汤滋味的成分，在黑茶中的干物质占比为1.11%~4.42%，也是渥堆过程中微生物的重要氮源，对黑茶品质风味的形成具有重要作用。在茯砖茶制造过程中，咖啡碱可与多酚类氧化产物、蛋白质等物质以氢键缔合形成络合物，从而降低茯砖茶品质的苦涩味。与此同时，渥堆期间的微生物也具有略为分解咖啡碱含量的能力。微生物还通过增加蛋白酶的活性达到分解蛋白质的目的。茯砖茶制作过程中，微生物在发花期间以氨基酸为养分使其含量下降；但另一方面又分泌胞外酶使蛋白质水解成氨基酸，使其含量增加，从而形成茯砖茶特有的品质。黑茶渥堆过程中，其氨基酸含量整体呈下降趋势，总含量在0.15%~1.08%，赋予茶汤营养、"醇"及鲜爽的口感。氨基酸在微生物作用下的降解和转化直接影响了茶叶品质，形成黑茶特有的香气和滋味。

四、安化黑茶加工现代化

2011年初，国家质检总局将"安化黑茶"纳入国家地理标志产品保护的目录，受国家地理标志产品的保护。规定安化22个乡镇、桃江6个乡镇、赫山3个乡镇、资江1个乡镇在保护范围内。这是安化黑茶作为一个整体品牌得到社会公认的里程碑事件。

2006年是安化黑茶由外销、边销转向内销的"元年"，也是以安化黑茶为代表的益阳黑茶品牌建设的起点。当年，益阳市委、市政府做出了加快茶叶产业发展的决定，随后陆续出台了一系列扶持、规范的措施。基于安化黑茶对于亚健康人群，特别是生活富裕起来后"富贵病"增多的显著"食疗"作用，益阳市满怀希望地开始了茶业复兴之旅。

在茶叶发展规划里，益阳明确提出

要把茶产业作为富民强市的支柱产业来打造，从基地建设、生产加工、市场体系、品牌打造到茶文化，提出了具体的目标和设想，并逐步推动产业的现代化发展。在着力加强茶园基地建设、扶持黑茶龙头企业做大做强的同时，安化茶业协会先后申请了"安化茶"、"安化黑茶"、"安化千两茶"三个地域性、集体性的商标，并积极争取了"安化千两茶"商标成为湖南省著名商标、"安化黑茶"成为全国驰名商标。

围绕"安化黑茶"品牌的宣传和文化建设，益阳市和安化县政府组织黑茶企业，以"安化黑茶"品牌整体形象多次组团参加在上海、北京、香港、福建、河南、山西、陕西、广州、深圳等地举行的茶博会和茶文化活动。2008年，益阳茯砖茶制作工艺和安化千两茶制作工艺成功入录国家非物质文化遗产名录，为益阳赢得了前所未有的美誉。2009年，益阳成功举办了首届中国湖南（益阳）黑茶文化节暨安化黑茶博览会。2010年上海世博会，益阳组织多家茶叶企业参展，进一步打响了品牌。同时坚持文化引路，将茶产业与茶文化、旅游进行整体包装，投入了资金建设了益阳茶业市场（中国黑茶城）、黄沙坪古茶市，修复了安化洞市老街，开发了茶马古道旅游。民间和政府还投资建设了四个以安化黑茶为主题的博物馆。在关注国内市场品牌形象塑造的同时，还有企业在欧美开展了黑茶品牌推介活动。

政府方面，益阳和安化着力黑茶行业规范和质量保证体系建设，提高准入门槛，严格"安化黑茶"证明商标的授权使用。安化县先后出台了《安化黑茶证明商标使用管理办法》、《安化黑茶证明商标标识印制管理办法》，到2012年，全市有68家已获得QS认证的黑茶加工企业经审查批准，获得商标使用资格。同时，在"安化黑茶"纳入国家地理标志产品保护范围后，益阳市政府于2012年6月颁布实施了《安化黑茶地理标志产品保护管理办法》。

2006年以来，益阳产茶区县（市）和安化县连年出台优惠政策、投入财政扶持资金，引导茶农和企业扩展茶园面积，发展茶叶生产。全市茶园面积、加工产量、综合产值分别由2005年的2亿元增加到2016年的120亿元。

在这一过程中，益阳和安化以完善产业体系建设为目标，从茶园基地建设、黑茶生产标准化体系建设、企业准入、科技创新、产品质量保证、市场终端建设等方面着力，贯穿从"茶园到茶杯"的全过程，逐步推进了产业体系建设。

着眼于黑茶从传统的生产方式向清洁化、标准化、机械化、连续化的现代生产方式发展，益阳黑茶企业普遍投入资金，进行厂房改造，更新产品生产线。2009年6月，湖南益阳茶厂发展有限公司投资1.1亿元建成了年生产能力5000吨以上的高档产品标准化、自动化、清洁化生产线，并已于当年12月正式投入生产运营。益阳茶厂成为国内黑茶加工行业生产条件最完善、工艺技术设备最先进的加工企业，为全面提升黑茶行业生产加工技术标准、促进行业产业化发展起到了重要的带动作用。

2011年6月，湖南省白沙溪茶厂股份有限公司1.5万吨优质安化黑茶清洁化生产线改扩建项目开工，计划投资达1.7亿元，2013年完工项目占地面积103.3亩，规划建设现代化全自动生产线、办公大楼、营销体验中心、宾馆、沿江景观绿化带，打造一个景观园林式的现代黑茶生产企业。这一时期，华莱生物、唯楚福瑞达公司、久扬茶业及中茶安化公司等先后投入巨资，兴建现代化的加工基地。

湖南湘益茯茶现代化生产体系

唯楚福瑞达清洁化自动化连续化黑茶生产线

第五篇
产品：黑茶产品加工与生产企业

　　黑毛茶是加工成品黑茶的原料。由于原料较粗老，黑茶企业收购后一般要在原料仓库存放1~2年，在时间的作用下，原料中粗老的成分会发生降解、转化，使原有粗老、苦涩的口感转化为醇和、回甘方能进行成品黑茶加工。目前我国的成品黑茶主要有砖块形和篓装形两大类。虽然紧压茶由于茶区、花色不同，所用原料和加工工艺有所区别，但加工中的基本工序可归纳为毛茶拼配、分筛切细、半成品拼配、蒸茶压制、烘房干燥、检验包装等作业，其中蒸茶压制又分为称茶、蒸茶、压模、脱模等工序，即形成了丰富多彩的黑茶系列产品。

一、黑茶产品与品质

（一）湖南黑茶

湖南砖块形的产品有黑砖、花砖和茯砖；篓装形的产品有天尖、贡尖和生尖；另还有一个花卷茶。

1.黑砖和花砖的压制

黑砖和花砖都是以湖南黑毛茶为原料，黑砖以三级黑毛茶为主，拼入部分四级原料和少量其他茶；花砖以三级黑毛茶为原料。以前黑砖和花砖原料分"洒面"和"包心"，现在简化了工艺，将洒面和包心混合压制。成品砖黑砖和花砖表面图案和文字不同。黑砖砖面上有"黑砖茶"三字，下方有"湖南安化"四字，中间有五角星。花砖砖面上有"中茶"图案，下有"安化花砖"字样，四边压有斜条花纹。

黑砖和花砖的压制分毛茶拼配、分筛切细、半成品拼配、蒸茶压制、烘房干燥、检验包装等作业，其中蒸茶压制又分称茶、压模、脱模等工序。

产品规格

黑砖与花砖外形上都呈片状，均要求砖面平整，花纹图案清晰，棱角分明，厚薄一致，色泽黑褐，砖的长、宽、高为350mm、180mm、33mm，每片砖净重均为2kg，现今产品种类丰富，规格已不仅限于此。黑砖内质要求香气纯正，汤色橙黄或橙红，滋味醇和或微涩。花砖内质要求香气纯正，汤色橙黄或橙红，滋味醇和。

压制工艺

毛茶拼配 加工黑砖的原料以三级黑毛茶为主，在筛制前，根据加工标准样，逐批选料试制小样，经品质评审确定毛茶拼配方案。

原料筛制 黑毛茶经滚圆筛、平圆筛、切碎机和风选机分出不同花色等待拼配的净茶。

净茶拼配 经筛分后的各筛号茶，经反复试拼小样后，按比例将各筛号茶均匀拼和。

压制工艺 分为称茶、蒸茶、装匣、预压、压制、冷却、退砖、修砖、验砖等9道工序。

（1）称茶 根据产品的质量标准，原料含水量和加工损耗等因素，使每块砖的重量准确和一致。

（2）蒸茶 采用一定压力的蒸汽对茶叶进行汽蒸，控制含水量准备压制。要求蒸匀、蒸透，使茶坯软化，增加黏性，以便压紧成砖。

（3）装匣 在匣内装好木板和铝底板，抹点茶油。装入汽蒸过的茶坯，趁热扒平，四角和边缘稍厚，盖好花板（刻有文字和花纹），以防蒸汽散失。

（4）预压　将装好的茶匣进行预压，随后推到第二个蒸茶台下装第二片砖，每匣2片砖。

（5）压制　使用摩擦轮压力机上栓固定压制。要求前后受力一致，确保砖面匀整光滑。

（6）冷却　紧压后的茶匣在凉砖车上冷却固定，以确保定型。

（7）退砖　按压制先后顺序依次退砖，用小摩擦轮退砖机完成退砖工序。

（8）修砖　将茶砖边角外溢的原料削平修齐，形成四角分明的外形。

（9）验砖　检验砖块的外形是否符合规格，砖面商标是否清晰，厚薄是否一致，重量是否合格，并检验含水量，凡不符合要求的，必须退料重压。

干燥　合格砖块送入烘房，整齐排列在烘架上，茶砖与茶砖之间留一定的距离。根据烘干进程，控制好一定的温度和湿度，期间注意通风换气。经过一段时间，当砖块含水量达到要求时，即可出烘房。

包装　包装前要检查砖块的重量和包装材料。包装时做到商标端正，刷浆

白沙溪茶厂生产的黑砖茶和花砖茶

匀薄。装入麻袋，每袋装20片，扎紧锁口，刷唛清楚，以待出厂销售。

2. 茯砖的压制

茯砖茶原产陕西泾阳，叫"泾阳砖"。1953年安化砖茶厂试制成功，随后在湖南安化、益阳、桃江等地相继生产。茯砖分特制茯砖和普通茯砖两种，以黑毛茶为原料。

产品规格

特制茯砖和普通茯砖在外形规格上均要求平整，棱角分明，厚薄一致，发花茂盛，特茯呈黑褐色。砖内无黑霉、白霉、青霉、红霉等杂菌。砖长350mm、砖宽186mm、砖高45mm、砖重2kg，现今产品种类丰富，规格已不仅限于此。内质均要求汤色橙黄，香气纯正，并具特殊菌花香。但特茯原料相对较嫩，滋味优于普茯，要求醇厚或醇和，普茯相对较淡，但不能有粗涩味。

压制工艺

毛茶拼配　特茯原料全用黑毛茶三级，配料要考虑季节、地区差异，合理拼配。在筛制前，根据加工标准样，逐批选料试制小样，经品质评审确定毛茶拼配方案。

原料筛制　黑毛茶经滚圆筛、平圆筛、切碎机和风选机分出不同花色等待拼配的净茶。

净茶拼配　各筛号净茶，经反复试拼小样确定拼配比例，按比例将各筛号茶均匀拼和。

压制工艺　分为汽蒸、渥堆、称茶、加茶汁搅拌、蒸茶、紧压、定型、验收包砖、发花干燥等9道工序。

（1）汽蒸　通过一定温度和压力汽蒸使产品增加温度和湿度，为下一步渥堆创造条件。

（2）渥堆　经过汽蒸的茶叶立即渥堆，以弥补湿坯渥堆的不足。待叶色变黄，青气消除，滋味醇和无粗涩味时，开堆散热。

（3）称茶　根据产品的质量标准、原料含水量和加工损耗等因素，准确称取每块砖的重量，确保相对一致。目前均采用电子秤称量。

（4）加茶汁搅拌　加入由茶梗、茶果壳等熬煮的汁水，保证湿坯的含水量在23%～26%，一般春夏季低，秋冬季高，由拌茶机搅拌均匀。

（5）蒸茶　通过一定温度和压力汽蒸使产品增加温度和湿度，准备压制。

（6）紧压　装茶、扒平、预压、紧压等步骤与黑砖相同。

（7）冷却定型　紧压后放置冷却，历时80分钟，冷却定型后，即可退砖。

（8）验收包砖　按外形要求检验砖坯，用商标纸包装，堆码整齐，待送入烘房发花干燥。

（9）发花干燥　"发花"是茯砖加工的特殊工艺，通过发花使砖内形成一种"金花"，即冠突散囊菌的闭囊壳。

将包好的砖坯整齐地排列在烘架上，茶砖与茶砖之间留出一定的距离。进入

① 益阳茶厂出品的茯砖茶
② 2016 年 8 月 22 日，习总书记视察青海时，当地政府选用湖南湘丰
　浩茗茶业生产的一款茯砖茶赠送给青海格尔木藏族村村民
③ 微距镜头下的金花
④ 扫描电镜下的金花

茯砖茶在烘房内静待发花

芙蓉山黑茶厂天尖产品（湘茶堂提供）

烘房后的前段时间为"发花期"，通过控制温度和湿度，保障发花微生物的生长发育，要注意开门窗促使空气流通，防止霉变，后期要检查发花情况，观察金花的大小和色泽，采取措施及时调整发花进程。后期为"干燥期"。干燥阶段的温度则逐渐升高，相对湿度逐渐下降。当砖坯含水量降至要求值时，停止加温，开窗冷却出烘。

出烘包装 砖坯冷却后出烘，根据规定项目进行检测，其含水量不超过14%，随后用方底麻袋，每袋20片，以"井"字形打包，刷上唛头，普茯蓝唛头，特茯红唛头。

3.天尖、贡尖、生尖加工

天尖、贡尖、生尖是篓装黑茶，系用黑毛茶一、二级原料加工而成，品质较高，是湖南黑茶成品中的佳品，生产历史悠久。

产品规格

天尖外形条索紧结，较圆直，嫩度好，色泽黑润；内质香气纯和带松烟香，汤色橙黄，滋味醇厚，叶底黄褐尚嫩。贡尖条索粗壮，色尚黑润；香味纯正带松烟香。生尖外形折片多于条索，色泽较花杂；汤色稍暗，香味平和显粗淡，叶底黑褐。

加工工艺

天尖以一级黑毛茶为主拼原料，拼入少量二级毛茶。贡尖以二级黑毛茶为主，拼入少量一级下降和三级提升的原料。生尖毛茶原料较为粗老，大多为片状，含梗较多。

天尖、贡尖、生尖的加工较为简单，其筛制、压制程序见图。

筛制中，平圆筛头子茶（经过一组筛网筛制后，未能通过最

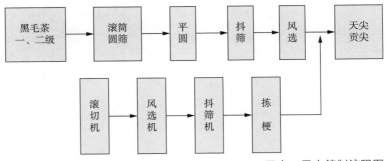

天尖、贡尖筛制流程图

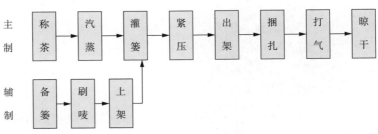

天尖、贡尖、生尖压制流程图

上层筛网的茶，称为头子茶）可再汽蒸，复揉紧条，再经烘干，可制成贡尖，轻身茶（通过风选机选出来的较轻飘的茶叶）作黑砖原料。

在紧压工序中，要称茶4次，天尖每次称12.5kg，称好的茶以高压蒸汽蒸，即可装入篓中，第1、2次装好后，紧压1次；第3、4次装茶，每装1次紧压1次，共紧压3次。压好后捆好篓条捆紧，用铜钻在篓包顶上打"梅花针"，然后在每个孔中，插入丝茅草，以利水分的散失。紧压后的茶包，运至通风干燥处，待水分检验合格即可出厂。为便于区别，各产品唛头颜色是：天尖刷红色，贡尖刷绿色，生尖刷黑色。

4. 花卷茶加工

清道光元年（1821年），陕西茶商驻益阳的代表委托行栈汇款到安化定购黑茶或以羊毛、皮袄等物换购，采办的茶叶经去杂、筛分、蒸揉、干燥后踩捆成包，叫"澧河茶"，随后改为小圆柱

花卷茶（湘茶堂提供）

形，称"筒子茶"，又叫"花卷茶"，每支重一百两，称"安化百两茶"。清同治年间，山西"三和合茶号"与江南边江裕盛泉茶行的刘姓兄弟合作，在百两茶的基础上制成千两茶，外用花格篓篾，内贴蓼叶、棕片，踩制成花卷茶，俗称"安化千两茶"。因踩捆是一道关键性工序，不仅体力消耗大，更需一定技巧，刘姓人家视踩制工艺为绝活，对外保密，定有"传子不传女，传媳不传婿"之规。安化千两茶的制作技艺从清同治年间起，一直延续到民国期间。

1952年白沙溪茶厂招收刘姓兄弟为正式职工，传授安化千两茶的制作技术。1958年，该厂鉴于安化千两茶的制作劳动强度太大、季节性强、生产效率低等原因停产千两茶，改为机械压制花砖茶。1983年，为不使安化千两茶制作的独特工艺失传，该厂将老技工聘请回厂制作了300余支花卷茶，此后又中断了14年。1997年，随着茶叶国内外贸易日趋繁荣，为满足市场需求，该厂恢复了传统的花卷茶生产，至2005年以后，千两茶的生产有了较快发展。

产品规格

千两茶外表古朴，形如树干，采用花格篓篾捆包装，柱高约150cm，周长56cm，重量36.25kg。成茶结构紧密坚实，色泽黑润油亮，汤色红黄明净，滋味醇厚，口感纯正，常有蓼叶、竹黄、糯米香气；热喝略带红糖姜味，凉饮有甜润之感。

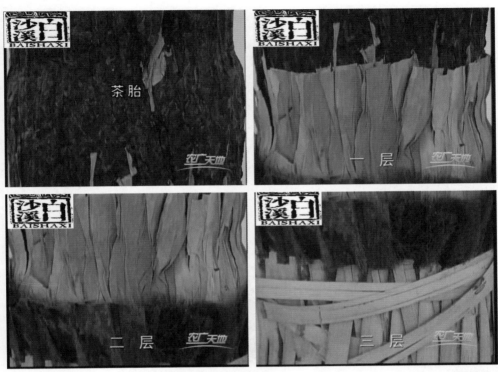

千两茶三层包装展示（一层：蓼叶；二层：棕片；三层：花格篾篓）
（湖南白沙溪茶厂股份有限公司提供）

压制工艺

原料筛制

毛茶先经滚圆筛，滚圆筛头子茶经切后再上滚圆筛；滚圆筛的筛底茶上平圆筛筛制，随后经风选机，隔除砂石，最后人工拣梗，筛制中要对各号茶叶进行含梗量的控制，特别是上身茶。通过筛分，风选，分出上身茶、中身茶和下身茶。筛制后的茶叶即可拼配，拼配时一般将二级、三级茶按一定比例拼成半成品，拼堆后取样进行审评，合格后下单给生产车间，一般每批拼配数量为5吨。

加工工艺

（1）千两茶包装　千两茶包装分为三层，最里层是蓼叶，即当地包粽子的竹叶，要求采用成熟老叶，新叶叶薄，干燥后在加工中易破损，影响茶叶品质。将蓼叶用细竹篾编织成规定的尺码。中间层是棕片，选用干净的板棕，棕片含水量需符合要求。用棉线将棕片缝制在一起，规格与蓼叶大小一致，再将蓼叶和棕片缝合在一起，即可备用。外层是花格篾篓，篾篓用当地的楠竹编织而成，制作篾篓的楠竹要求用3年以上的成竹。花格篾篓用经篾和编篾制作而成，经篾

用作经线的编制，采用去掉竹皮的篾条；编篾用作纬线的编制，编篾用带竹皮的篾条。花格篾篓在千两茶的最外层，起到加固茶叶便于运输的作用，所以，篾篓的编制前提是结实、耐用，以及坚固、美观。

（2）压制工艺　踩制千两茶，一般在晴天干燥的时间进行，以7~8月间较好。包括司称、蒸茶、灌篓、踩压、干燥等5道工序。

① 司称：首先要调整老秤，调整秤砣的位置，使秤杆水平，固定秤砣位置。然后开堆称取，开堆要求从上到下，截口平整，以保证上身茶和中身茶混合均匀。称取时，留出总量的5%，加入下身茶，使秤杆达到水平，将称好的茶叶倒入布包，扎紧布包。一支千两茶要称5次，即5包茶。

② 蒸茶：汽蒸能使茶叶受热、吸湿、软化，并且起到消毒杀菌作用。蒸茶前，要检查设备是否正常。将5包茶叶码放在蒸桶内，盖上布蒸茶。

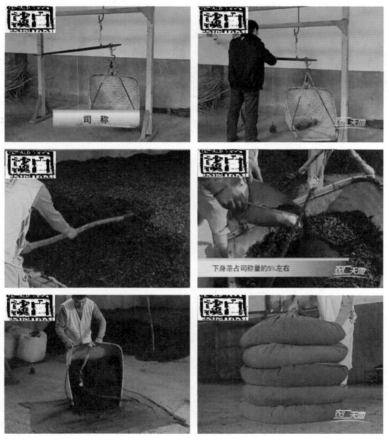

千两茶制作司称工艺展示（湖南白沙溪茶厂股份有限公司提供）

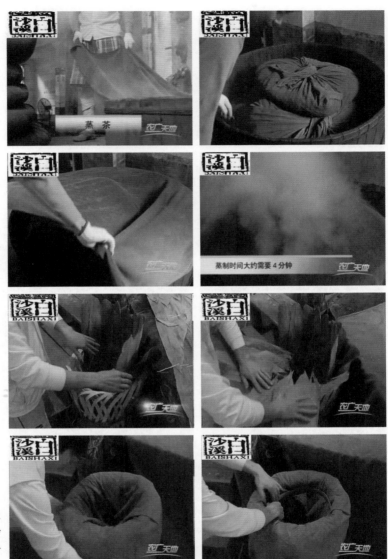

千两茶制作蒸茶工
艺展示（湖南白沙
溪茶厂股份有限公
司提供）

蒸制时间大约需要 4 分钟

千两茶制作铺篾工
艺展示（湖南白沙
溪茶厂股份有限公
司提供）

③灌篓：在蒸茶时先铺篓，取两片
缝合的蓼棕片放入篾篓，再将两头开口
的布袋放入篾篓，用一竹圈固定，便于
灌篓。蒸茶时间到，应立即灌篓，放入
第一包茶，垫上布，用木棒筑紧茶叶，
拿出垫布，放入第二包茶，采用同样方
式筑紧。筑紧时注意力度，防止一头大
一头小，一头紧一头松的问题，最后一
包茶要边放边捣实，全部放完后取出布
袋，用蓼棕片盖好，稍抽紧编篾，盖好

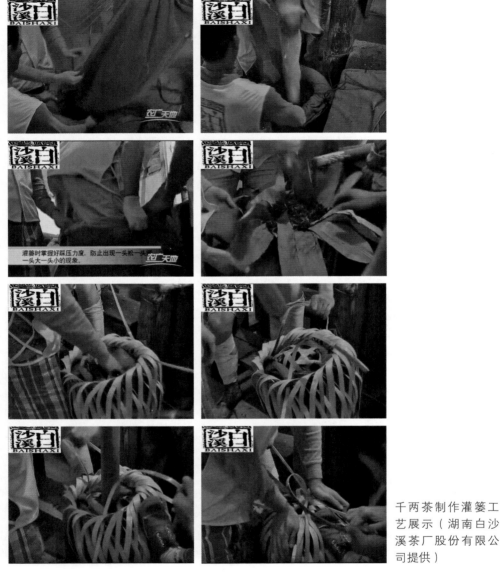

灌篓时掌握好踩压力度，防止出现一头松一头紧、
一头大一头小的现象。

千两茶制作灌篓工艺展示（湖南白沙溪茶厂股份有限公司提供）

牛笼嘴（用篾编织的一碗形篾盖），用棍子压住，抽紧编篾。

④ 踩压：踩压包括滚踩、绞杠、压杠、匀杠、滚踩收篾、匀压等工序，要反复多次，再打鼓包，放置一段时间，最后收篾。踩压在黄土夯实的地面上进行，地面加入了食用盐，以保持地面湿润，不起粉尘。将灌篓后的千两茶放在地面，用一根木棍缠住

编篾，大家一齐用力向前滚，该过程叫绞杠。第一轮绞杠只能用少许力，不能一绞到底，将六根编篾逐一绞杠。随后进行压杠，用大木杆在茶上压杠一次，将千两茶翻动后，再回压杠一次；压完后，将千两茶翻动，快速轻压杠赶茶，称为匀杠。千两茶要经过"五轮滚"，即五次绞杠，四次压杠、赶茶；第二次绞杠起着

千两茶制作踩压工艺示意图（湖南白沙溪茶厂股份有限公司提供）

检查的作用，使千两茶周身全部绞到；随后也要压杠赶茶；第三轮和第二轮一样；三轮后千两茶已成功瘦身；第四轮绞杠前，用一根二尺长的竹条进行比量，看是否达到标准，对不达标的地方，进行重点绞杠；第五轮绞杠后，还要用木槌进行整形，将弯曲和鼓包的地方敲平、敲直，称为打鼓包。踩压后的千两茶要在室内放置一段时间冷却后再锁篾。锁篾即将编篾锁紧，使其紧结、匀称。

⑤ 干燥：千两茶的干燥采用自然干燥方式，将压制完成的千两茶放到凉棚架上，当水分达到要求时即可出棚，待售，一般需晒制七七四十九天。

（二）湖北青砖茶

青砖茶也是黑茶类的一种压制茶，以湖北老青茶为原料。

1. 青砖原料加工

老青茶毛茶加工分为投料、筛分、风选、拣梗等工序。

投料　毛茶入库时，一般按季节分为正、副两个堆，精加工时根据品质制定拼配比例。洒面和底面采用一、二级原料加工，里茶则用三级原料。

精加工　主要目的是整理条索，使

大小、长短一致，剔除非茶类物质。面茶和里茶的加工稍有区别。

面茶　面茶先经滚圆筛，筛底进行风选，头子茶需进行筛分拣梗，2、3口分别拣梗后即为待拼茶；滚圆筛面经去梗后进第二台滚圆筛，筛底经风选为待拼茶，筛面拼入里茶加工。

里茶　加工技术与眉茶相似，增加了平圆筛和风选机。毛茶经滚圆筛，筛面经切碎后进入第二台滚圆筛筛隔去茶灰后待拼。

2. 青砖茶压制

产品规格

青砖茶外形长330mm、宽150mm、厚40mm，重量2kg，现今产品种类丰富，规格已不仅限于此。砖片平整光滑，色泽青褐。砖面压有阴文"川"字和阳文"中茶"，并有蒙文标记。内质香气纯正无青味，滋味纯正，汤色橙黄明亮，叶底暗褐粗老。

压制工艺

青砖茶压制分称茶、汽蒸、预压、压紧、定型、退砖、修砖等工序。

称茶　青砖每片重2kg，洒面茶和里茶按一定比例称量。

蒸茶　将蒸茶盒送入蒸笼内汽蒸，使叶质柔软。

预压　按先底茶、里茶、洒面茶的顺序，均匀地装入蒸茶盒内，先将蒸过的底面茶倒入斗模底，加入里茶，再将洒面茶盖在面上，使茶叶四角饱满、厚薄均匀，盖上有"川"字和蒙文"分"字的铝盖板，在压力机下预压成型。

湖北赵李桥茶厂青砖茶

湖北赵李桥茶厂米字砖

压紧 采用压力机紧压茶砖，固定斗模螺丝。

定型 将斗模凉置一段时间，自然冷却定型。

退砖 用退模机将定型后的茶砖退出，检查砖片是否符合要求，用修砖机修平砖边。

干燥 将茶坯送入烘房进行干燥，堆码茶砖，砖片侧立，纵横叠码。干燥过程按一定程序升温，直至干燥适度，停止加温，冷却后出烘。

包装 用商标纸逐块包封，做到整齐美观，转入垫有笋叶的篾篓内，按要求捆扎刷唛。

（三）四川紧压茶

四川紧压茶分南路边茶和西路边茶。

1. 南路边茶

南路边茶有康砖（品质较高）、金尖（品质较低）两种，加工均有毛茶整理、配料拼堆、蒸汽筑压、成品包装四道工序。

毛茶整理 毛茶进厂后，须经过筛分、切碎、风选、拣剔等作业处理，要求洒面和里茶形状均匀、清洁卫生。洒面的梗长不得超过要求，生梗应蒸制渥堆，变色干燥后再进行拼配。

原料拼堆 南路边茶的毛茶较多，有做庄茶、级外晒青毛茶、条茶、尖茶、茶梗、茶果外壳等。各地毛茶品质差异较大，配料要分别测定其水浸出物含量，国家规定康砖和金尖茶水浸出物含量必须达到一定要求。

蒸茶筑压

称茶 康砖茶每块标准重为 0.5kg，洒面茶 25g；金尖茶每块标准重为 2.5kg，洒面茶 50g。

蒸茶 茶坯在高压蒸汽下蒸软后倒入茶模。

筑压 采用夹板锤筑包机筑制，先将篾包放入模内，放一半洒面，再均匀倒入里茶，开动筑包机，加入另一半面茶，放入篾片，即为第一片茶。然后筑制第二片、第三片，直至筑满一包为止，筑制完一包，用竹钉封好包口，松开模盒，冷却定型。待水分达到标准后，进行包装。

产品包装 冷却后的茶包，要检测水分和重量是否符合出厂标准，每块放一商标纸，用黄纸包封，用篾条捆扎整齐，放入篾包中，再用竹篾扎紧，刷上唛头。为便于识别，康砖外包打上红圈，金尖打上黑圈，堆码整齐，待运出厂。

2.西路边茶

西路边茶有茯砖和方包两种。

（1）茯砖茶加工

四川茯砖茶加工分为毛茶整理、蒸茶筑砖、发花干燥、产品包装四道工序。

毛茶整理 四川茯砖茶原料除毛庄茶外，还有级外晒青毛茶、毛茶拣头、茶果外壳及嫩枝梗等。因此，在原料上比湖南茯砖要粗老些。经切碎后，茶梗长不超过 3cm，其他大小不超过 1cm。付制前经过审评，根据色香味及"熬头"进行拼配。

蒸茶筑砖 拼配后的茶坯要进行蒸热和渥堆处理。目前已实现切碎、蒸茶、渥堆机械化联动。渥堆后的茶坯，根据品质和规格要求，准确称茶，倒入贮茶斗，加入茶梗熬汁 0.5kg，搅拌后进入蒸茶机，蒸软后自动送入装有纸袋的木模，冲压机冲压筑制，筑压均匀，茶砖松紧适度，封好砖口。出木模经检验合格后，送入烘房，发花干燥。

发花干燥 发花过程按照一定的温度和湿度进行发花和干燥。在发花和干燥过程中，可分为低温、中温、高温、干燥四阶段（见下表）。

产品包装 按要求封好袋口。

茯砖发花与干燥期的温湿度

	"金花"初生期	"金花"茂盛期	"金花"后熟期	干燥期
天数（d）	4	8～10	4	2～3
温度（℃）	25～26	27～28	29～30	31～40
湿度（%）	85～75	75～70	70～65	

（2）方包加工

方包茶压制分为毛茶整理、炒茶筑包、蒸茶渥堆三道工序。

毛茶整理　毛茶枝梗直径不超过0.8cm，切细成3cm左右的短节，经筛制取出面茶和末茶分别归堆。

原料拼配：按一定比例进行梗叶混合，然后再拼成蒸料（以面茶为主）和盖料（以末茶为主）。

蒸茶渥堆：将蒸料在锅中蒸至茶叶柔软，将蒸料与盖料隔层堆放、拍紧渥堆，待叶色呈油褐色，具老茶香为宜。

炒茶筑包　方包茶每炒3锅筑制1包茶。用铁锅炒茶，先烧红铁锅，倒入茶坯，加入沸腾的茶汁，使茶叶湿软，待锅中白烟冒出即可起锅。将篾包放入木模中，将炒制的3锅茶分次趁热倒入，分层筑紧，封包，刷唛。

烧包和晾包　将茶包堆码成长方形，堆高6层为限。茶包间不留空隙，以利保温，利用高温促使品质转化，这一过程称为烧包。晾包即是将茶包放在通风的地方，堆成品字形，待茶叶含水量达到要求即可。

（四）广西六堡茶

六堡茶成品茶分五级，毛茶采用单级付制，分级收回。毛茶加工分筛分拣剔、分级拼配、初蒸渥堆、复蒸包装、晾置陈化五道工序。

筛分拣剔　毛茶经过抖、滚圆筛和风选后，再经拣剔成为待拼的筛号茶。

分级拼配　根据各路筛号茶的品质，取长补短，按比例拼配成各级的半成品茶。

初蒸渥堆　拼好的半成品茶进入蒸茶机，待茶叶能捏成团、松手不散即为

雅安茶厂出品的南路边茶

六堡茶篓装外形及产品干茶外形

适度。出蒸后稍摊凉，进行渥堆。渥堆时关闭门窗，期间翻堆 1 次，待叶色红褐，发出茶香，叶底黄褐，汤色转红为适度。

复蒸包装　六堡茶是篓装茶，级别不同每篓重量不同。包装时，将初蒸的半成品，复蒸一次，蒸汽要透，蒸后摊凉、散热，待叶温稍降后装入茶篓，机械压实，边紧中松，加盖缝合，即为成品茶。

晾置陈化　加工后的成品茶温度高、水分多，需置于通风处降温去湿。待篓内温度与室温一样，进仓堆放，经半年时间或更长，汤色会更浓红，形成六堡茶"红、浓、醇、陈"的品质特点。成品茶初入库时，要关闭门窗，保持室内湿度，两个月后，待茶汤达到要求，开窗通风，降低茶叶含水量，以保品质稳定。

二、我国部分黑茶企业简介

（一）湖南黑茶企业

1. 湖南省白沙溪茶厂股份有限公司

湖南省白沙溪茶厂股份有限公司坐落在雪峰山脉的东北端，中国黑茶之乡安化的东大门，是清代两江总督陶澍的故里，距省会长沙 240km，离县城东坪 27km，S308 线贯穿其中，交通便利。

白沙溪茶厂新厂区

安化依山傍水，享资水之秀美，纳山川之灵气。境内山峦起伏，常年云雾缭绕，人杰地灵，景色怡人。白沙溪茶厂的主要产品有黑砖茶、花砖茶、茯砖茶、湘尖茶、千两茶等。其前身为湖南省白沙溪茶厂（国有），沿革承接于1939年，湖南省建设厅委派茶叶管理处副处长、留学国外的农学学士彭先泽（字孟奇）先生组建的湖南省砖茶厂，迄今已有70余年历史。白沙溪茶厂是国家民委历年确定的边销茶定点生产企业，中国黑茶的发祥地，湖南紧压茶的摇篮，曾创造了我国紧压茶史上的数个第一，即第一片黑砖茶、第一片茯砖茶、第一片花砖茶；挖掘、继承和发展了民间传统茶叶产品天尖、贡尖、生尖茶和花卷茶（俗称千两茶）。白沙溪茶厂为湖南紧压茶事业的蓬勃发展提供了宝贵的资源，输送了大批英才，早在1956年就被评为全国优秀茶厂，在我国紧压茶生产发展史上占有极其重要的地位，为维护民族团结和社会主义经济建设做出了重大贡献！

历史沿革：

1939年在江南初始建厂，彭先泽先生从外地引进手摇螺旋式压砖机等设备，租用德和庆记等茶行为厂址，创办砖茶厂，压制黑砖茶，1941年元旦"湖南省砖茶厂"成立，厂址江南坪。

1943年由省营改为国营，更名为"国营中国茶叶公司湖南砖茶厂"。

1946年7月在江南坪又成立"湖南省制茶厂"。

1950年初成立"安化砖茶厂"，总厂设江南坪，白沙溪设分厂，至当年10月总厂迁至白沙溪。

1949年湖南省土产公司将接管的江南（湖南茶叶公司制茶厂）、白沙溪（安化茶叶公司制茶厂）两家茶厂并为一家，次年4月改为中国茶叶公司安化砖茶厂。

1950年，全迁白沙溪，两厂合并后，

参加白沙溪改制十年暨建厂 78 周年庆典（2017.6）
（从左至右：李华建、朱旗、刘新安、肖力争、肖益平）

坐落在白沙溪简易厂房 8 栋，占地 1635 平方米。同年，中国茶叶公司安化茶叶分公司在酉州建安化茶厂，加工精制红茶出口。茶叶纳入计划收购后，由两厂负责全县红、黑茶加工。归口国营，正式定名湖南省白沙溪茶厂，专职生产黑茶。

2012 年 4 月 8 日，改制转体为"湖南省白沙溪茶厂股份有限公司"。

2. 湖南省益阳茶厂有限公司

湖南省益阳茶厂有限公司，创建于 1958 年，系国家民委、财政部、中国人民银行等国家部委定点的、全国最大的茯砖茶生产厂家和最大的国家边销茶原料储备承储企业，是湖南省农业产业化龙头企业、省重大科技专项示范企业、省高新技术企业、省创新型企业，是省

内第一家拥有自营进出口权的黑茶生产企业，也是茯砖茶国家标准起草、制订及修订单位。公司总资产 1.5 亿元，主要产品为"湘益"牌系列茯砖茶，年生产能力为 2 万吨，年均产销量 1.2 万吨以上，其中边销茶产销量占全国总量的 1/4，边销茶原料储备占全国的 26.7%，均居全国第一。

历史沿革：

1950 年，中国茶业公司安化分公司设立"安化砖茶厂"，总厂设安化江南，白沙溪设分厂。

1953 年，湖南第一片手筑茯砖茶在安化砖茶厂试制成功，同时，"安化砖茶厂"更名为"安化第二茶厂"，厂址设安化白沙溪。

1958 年，根据全国合作总社 1957

益阳茶厂新厂区

年 12 月 30 日（57）合基密字第 603 号指示以及湖南省人民委员会批示，原"安化第二茶厂"迁建益阳市，改名为"湖南省益阳茶厂"，并将手筑茯砖茶全面改为机械压制茯砖茶。其后，为适应生产需要，充分利用原有设备，安化白沙溪仍设立"益阳茶厂安化白沙溪精制车间"。1964 年，随着益阳黑茶的迅猛发展，益阳茶厂对安化白沙溪精制车间领导不便，后经湖南省对外贸易局湘外茶土字第 86 号、转发外贸部（64）贸茶土字第 68/6200 号及省编委（64）编办字第 218 号批准，"益阳茶厂安化白沙溪精制车间"于 1965 年 1 月改名为"湖南省白沙溪茶厂"，至此，结束了益阳茶厂对"安化白沙溪精制车间"的直接领导。

2007 年 8 月，湖南省益阳茶厂成功改制为湖南省益阳茶厂有限公司，系国家商务部、发改委、民委、财政部、工商总局、质检总局、全国供销总社等国家部委定点的、全国最大的茯砖茶生产厂家和全国最大的茯砖茶原料代储企业。

3. 中茶湖南安化茶厂有限公司

湖南省安化茶厂于 2012 年 9 月重组并改名为中茶湖南安化茶厂有限公司，位于湖南省中部、资水中游的安化县城（东坪镇）东郊西州。湖南中茶茶业有限公司（以下简称"湖南中茶"）是湖南省农业产业化龙头企业、湖南省高新技术企业。公司前身为 1950 年 9 月成立的"中国土产畜产湖南茶叶进出口公司"，至上世纪 90 年代末，一直是湖南最大的茶叶专营公司。2009 年，湖南中茶正式挂牌成立并成为中粮集团中国土产畜产总公司的全资控股企业，成为中粮集团华中地区的优质茶叶种植、生产、加工、研发和营销中心。公司旗下自有茶厂中茶湖南安化第一茶厂有限公司，是安化黑茶知名品牌"百年木仓生态黑茶"的缔造者。沿袭1902古老配方、完整继承国家级非物质文化制茶传统、由省级文物保护单位"百年木仓"陈化升华、中粮营养健康研究院科学背书，造就独特的8730专利金花菌种以及以木仓菌香、陈醇口感为特色的生态黑茶。

历史沿革：

通过接受官僚资产和私人资本的形式，将成立于1902年的兴隆茂茶行、成立于1904年的集兴顺茶行、成立于1928年的湖南茶事试验场、成立于20世纪30年代的华安、晋安、大中华等私营加工厂、创办于1941年的湖南砖茶厂酉州加工处于1950年由中国茶叶公司安化分公司奉命筹建成立中国茶叶公司安化红茶厂，该厂成为湖南省第一个规模最大的国营红茶、黑茶加工企业。

1953年3月奉中国茶叶公司湖南省公司命，改为中国茶业公司安化第一茶厂，"安化砖茶厂"（白沙溪茶厂前身）改为安化第二茶厂。

1954年奉命安化一、二茶厂合并改为"湖南省茶业公司安化茶厂"，厂址设酉州，白沙溪设加工处。

1957年3月，奉湖南省供销社通知，安化茶厂与白沙溪加工处分开，将安化茶厂恢复为"湖南省安化第一茶厂"，根据业务分工该厂在以后较长的一段时间内专职生产红茶。

1959年正式命名为湖南省安化茶厂，此名称一直沿用至2012年9月。

2012年9月，湖南省安化茶厂由中粮集团收购，资产重组后更名为中茶湖南安化茶厂有限公司。

4. 湖南省怡清源茶业有限公司

湖南省怡清源茶业有限公司主营为安化黑茶，兼营绿茶、花草茶及其他茶类茶具，其主要发展历程如下：

1992-1996年：公司创始人简伯华在河北石家庄市当个体经营户，主营经销湖南"猴王"花茶。

1996年："长沙市高桥茶叶工贸有限公司成立"，注册商标为"故园"牌，成立批发一部、二部和石家庄分公司。

1997年：承包湖南友谊阿波罗商场茶叶专柜。

1998年：怡清源桃源有机茶优质茶园基地建成，开始走产业化道路。

1999年：公司正式更名为"湖南省怡清源茶业有限公司"。

（二）四川黑茶企业

1. 雅安茶厂股份有限公司

雅安茶厂股份有限公司始建于明代嘉靖二十五年（公元1546年），是国家长期指定生产民族用品边销茶（属黑茶类紧压茶）的重点企业，距今已有470年的制茶历史。作为历史悠久的藏茶生产企业，凭借 470 年对藏茶制作技艺这一国家非物质文化遗产的严格保护、传承和发展的历史，其生产的"康砖"和"金尖"两大系列产品是销往藏区的主流传统产品，在藏区人民心中有着不可替代的忠诚度和美誉度。

2. 四川吉祥茶业有限公司

四川吉祥茶业有限公司前身为国营四川省雅安市茶厂，在原市委工商联营公司的基础上于 1985 年投资建立的，占地 37.5 亩，做到了当年建设当年投产。1992 年转制为民营企业，沿用四川省雅安市茶厂名称，于 2002 年组建成立四川吉祥茶业有限公司。经过 30 多年的发展，现已成为国家边销茶定点生产企业，"吉祥"牌注册商标获得国家驰名商标，被评为全国"十大边销茶"畅销品牌企业、全国供销总社农业产业化重点龙头企业、四川省农业产业化重点龙头企业和全省"两个带动"先进企业、四川名牌产品、雅安市农业产业化重点龙头企业和茶业发展示范企业。

（三）广西黑茶企业

1. 梧州中茶茶业有限公司

梧州中茶茶业有限公司注册成立于 2007 年 12 月 26 日，属于中国茶叶有限公司全资子公司，在整体收购原梧州茶叶进出口公司的基础上成立。原梧州茶叶进出口公司前身是创建于 1953 年 11

月的中国茶叶总公司梧州支公司，1954 年 1 月改为中国茶叶出口总公司广西支公司梧州办事处。从 1954 年到 1988 年，期间名称多有变动，但一直从事六堡茶的生产和出口业务。1988 年 1 月 5 日正式成立梧州茶叶进出口公司，隶属中国土产畜产进出口总公司，专门从事广西的六堡茶生产和出口业务。

2. 广西梧州茂圣茶业有限公司

广西梧州茂圣茶业有限公司成立于 2014 年 12 月，坐落于广西梧州市舜帝大道，是一家广西农业产业重点龙头企业。2010 年，该公司自主研发了传承传统工艺与科技创新相结合的六堡茶生产线，实现了六堡茶生产的科学化、自动化、清洁化、标准化。

（四）湖北黑茶企业

湖北省赵李桥茶厂有限责任公司

湖北省赵李桥茶厂有限责任公司是国家级非物质文化遗产赵李桥砖茶制作技艺传承保护单位，是国家定点边销茶原料储备单位，旗下主要有"川"字牌青砖茶，"火车头"牌、"牌坊"牌米砖茶等产品，一直畅销我国内蒙古、新疆、青海、宁夏、山西、山东、河北、北京、上海、广州、香港等 20 多个省市区，远销欧盟、俄罗斯、韩国、日本等 10 多个国家和地区。

发展历程：

1949 年，湖北省银行复兴茶厂、民族资本义兴茶行、聚兴顺茶行合并成立"中国茶业公司羊楼洞砖茶厂"，行政隶属中国茶业公司中南区公司。

1953 年，企业自羊楼洞迁至赵李桥，更名为"中国茶业公司赵李桥茶厂"，第三任厂长为李振周。

1957 年，企业更名为"湖北省供销合作社赵李桥茶厂"，行政隶属湖北省供销合作社孝感专区办事处。

1959 年，企业更名为"湖北省赵李桥茶厂"，业务归口湖北省商业厅茶叶经营管理处。

1968 年，成立"湖北省赵李桥茶厂革命委员会"。

1971 年，成立"中国共产党湖北省赵李桥茶厂临时委员会"，陈振荣任临时党委书记。

1971 年 7 月 15 日，"六机一线"联装工程竣工，砖茶生产机械化程度大为增强。

1980 年，"27 青砖"改为"16 青砖"。包装纸上开始印制商标。注册"咸宁地区赵李桥茶厂茶叶综合贸易公司"。

1983 年，"川"字牌青砖茶被评为"部优"产品。川牌、火车头牌、牌坊牌商标相继注册，同时工商注册"湖北省赵李桥茶厂"名称。

2008 年 11 月，企业在艰难曲折中完成改制，由浙江企业联合会湖北商会收购，更名为"湖北省赵李桥茶厂有限责任公司"。

（五）其他黑茶企业

1. 浙江武义骆驼九龙砖茶有限公司

浙江武义骆驼九龙砖茶有限公司，创建于 1985 年，坐落于中国有机茶之乡、中国温泉养生生态产业示范区武义县，是一家集茶叶种植、加工、销售、研发、技术推广及茶文化传播为一体的省级骨干农业龙头企业、全国茶叶标准化技术委员会委员单位。公司主要生产茯砖茶、青砖茶、黑砖茶、金花茯茶等黑茶系列产品，产品除畅销国内市场外，还远销蒙古、韩国、俄罗斯以及东南亚等国家。

2. 咸阳泾渭茯茶有限公司

咸阳泾渭茯茶有限公司隶属于陕西苍山秦茶有限责任公司，位于咸阳世纪大道东段北侧的生产厂区投产于 2011 年，挖掘性恢复了陕西茯砖茶制作技艺，是一家具有清洁化、现代化、自动化生产能力的茶叶生产企业。泾渭茯茶以手筑、经典、陕西官茶、生肖系列和五礼系列等产品为主体，以砖、饼、柱、易泡等多种形式面市销售。泾渭茯茶创立了我国高标准、清洁化紧压茶生产体系，其产品远销美国、俄罗斯、法国、日本、韩国、芬兰等国家以及我国的香港和台湾地区。

第六篇

品饮：黑茶的品饮与美感

说到喝茶，世界上没有任何一个国家和民族能与中国人媲美。如果从神农尝百草的传说开始，在漫长的近四千年的历史进程中，国民从认识茶到系统地总结茶树的种植与培养、茶叶的加工、茶的品饮与各种茶器的发明与应用，无不体现中国人的聪明才智与审美观。品饮过程中，茶品质的体现和味蕾、嗅觉的评定与泡茶用水、器皿选用及冲泡方法的讲究密不可分。洁净无味的水质能真实地浸泡出茶的真味与醇美，精美的茶器能使品茶者感知品饮的雅致与纯真，而适宜的冲泡方法能依地域、环境和民族的生活特点最大限度地发挥茶的功能，使之成为生活中必需的开门七件事之一。

湖南农业大学朱海燕老师茶艺展示

一、黑茶品饮的要求

（一）宜茶之水

品饮茶叶是通过沸水冲泡后进行品饮，泡茶用水的软硬清浊、pH 值的高低、煮沸时间的长短等因素都对茶汤色泽、香味的影响极大。优质黑茶，用好水冲泡，汤色橙黄明亮，香陈味醇。如若泡茶之水的铁含量较高，便会使所泡之茶汤色乌暗，带铁腥气，茶味淡而苦，使品饮者无法体会茶之醇、茗之香，由此可见品茶之水何其重要。

水可分为天然水和人工处理水两大类，天然水又分地表水和地下水两种。地表水包括河水、江水、湖水、水库水等，因水从地表流过，溶解的矿物质较少，这类水的硬度一般较低，水中带有许多黏土、砂、水草、腐殖质、盐类和细菌等。地下水主要是井水、泉水和自流井水等，由于水透过地质层，起到过滤作用，含泥沙悬浮物和细菌较少，水质较为清亮，但因地层的长期浸滤，溶入了许多的矿物质元素，一般含盐量较高，硬度亦高。可见地表水与地下水品质不同。

同一类型的水质亦有差异。同是江水，江心水与江边水质量不同，同是井水，深井水与浅井水泡茶也会呈现两种不同的色香味。陆羽《茶经》记有："其水用山水上、江水次、井水下。其山水，拣乳泉、石流漫流者上，其瀑涌湍漱勿食之。"又说："其江水取去人远者，井取汲多者。"陆羽把山水、乳泉石流漫流的水看成是最好的泡茶用水是有科学道理的。明朝张大复在《梅花草堂笔谈》中记有："茶性必发于水，八分之茶，遇十分之水，茶亦十分矣。八分之水，试十分之茶，茶只八分耳。"许次纾《茶疏》中曰："精茗蕴香，借水而发，无水不可与论茶也。"可见水之重要。宋徽宗赵佶的《大观茶论》记有："水以清轻甘洁为美，轻甘乃水之自然，独为难得，古人品水，虽曰中零惠山为好，然人相之远近，似不常得，但当取山泉之清洁者，其次则井水之常汲者可用。"他不喜取江河之水，认为江河水有"鱼鳖之腥，泥泞之污，虽轻甘无取"。

民间流传着王安石与苏轼辨水的故事。王安石与苏轼同为唐宋八大家，虽政见相左，但友情深厚，且均为喜茶之人。苏轼精于种茶、烹茶，王安石则胜熟于鉴水、品饮。王安石老年患有痰火之症，御医嘱其采长江瞿塘峡水煎阳羡茶饮。茶好买，但瞿塘峡水难取。幸知苏轼将途过三峡赴黄洲，遂慎重相托："介甫十年寒窗，染成痰火之症，须得阳羡茶以中峡水烹服方能缓解。子瞻回归时，烦于瞿塘中峡舀一瓮水带回，不胜感激。"苏轼自然爽快地答应了。苏轼返程，因旅途劳累，船经瞿塘中峡时打了盹儿，醒时船已至下峡，遂赶紧在下峡舀了一瓮水。待苏轼将水送到王府时，王安石大喜，来不及道谢就亲自取水烹茶。王屏声静气品了第一口，曰："上峡水性太急，味浓，下峡之水太缓，味淡。唯中峡之水缓急相半，此乃下峡之水也。"苏轼大惊，既惭愧，又满心折服，连声致歉。

古人推崇山泉，山泉之水，长流不息，经自然过滤后，已经形成清流，少夹有机物及过多的矿物质，水中有较充足的空气，保持水质的凛冽与鲜活。又如明代张源在《茶录》中所载："山顶泉清而轻，山下泉清而重，石中泉清而甘，砂中泉清而冽，土中清泉淡而水如香。"文中所说的水的轻重，即有当今的软水与硬水之意。

研究发现水中矿物质对茶叶品质有较大的影响。当新鲜水中含有低价铁元素时，能使茶汤发暗，滋味变淡，其含量愈多影响愈大；若水中含有高价氧化铁，其影响比低价铁更大。当茶汤中含有铝元素时，茶汤会产生苦味。当茶汤中有钙元素，茶汤会变坏带涩甚至发苦。若茶汤中有镁元素存在，茶味会变淡。当茶汤中含铅元素时，茶味淡而酸，甚至涩。如果茶汤中有锰元素，茶汤会产生轻微的苦味。另外，盐类化合物的存在亦会导致茶味变淡。

据日本对水质与煎茶品质关系的研究，水的硬度对煎茶的浸出率有显著影响。硬度为 40 度的水浸出液的透过率仅为蒸馏水的 92%，汤色泛黄而淡薄，用蒸馏水沸水溶出的多酚类有 6.3%。而硬度为 30 度的水，多酚类只溶出 4.5%，因为硬水中的钙与多酚类结合起着抑制溶解的作用。同样，与茶味有关的氨基酸及咖啡碱也随水的硬度增高而浸出率降低。可见，硬水冲泡茶叶对浸出的汤色、滋味、香气都是不利的。蒸馏水冲泡茶叶之所以比硬水好，是因为蒸馏水中除含少量空气和二氧化碳外，基本上不含其他溶解物，这些气体在水煮开后即消失了，而河水，尤其是硬水，一般含矿物质较多，对茶叶品质有不好的影响。

水的 pH 值也对茶汤有影响。茶汤中含有较高的茶多酚类物质，pH 值的高低影响汤色，当 pH 小于 5 时，对茶汤色影响较少；如超过 5，其汤色就会相应地加深；当 pH 达到 7 时，茶多酚会自动氧化而损失，使茶汤暗度加深，失去茶汤的鲜爽度。用非碳酸盐硬度的水泡茶，并不影响茶汤色泽，这与用蒸馏水泡茶相近，汤色变化甚微；但用碳酸盐硬度的水泡茶，汤色变化很大，钙镁等酸式碳酸盐与茶多酚作用形成中性盐，使汤色变暗。水的软硬度也影响水的 pH 值。如将碳酸盐硬度的水通过树脂交换进行软化，即钙被钠取代，则水变成碱性，pH 达到 8 以上，用这种处理的水泡茶，汤色显著发暗，因为 pH 增高，产生不可逆的自动氧化，形成大量的茶多酚盐。所以选择合适酸碱度的泡茶之水有利于保持茶汤的本色与清亮，用天然软水或非碳酸盐硬度的水泡茶，能获得同等明亮的汤色。

煮沸时间长短也影响泡茶的品质。陆羽《茶经》云："其沸，如鱼目，微有声，为一沸。边缘如涌泉连珠，为二沸。腾波鼓浪，为三沸。以上水老，不可食也。"明代许次纾《茶疏》云："水一入铫，便需急煮，候有松声，即去盖以消息其老嫩。蟹眼之后，水有微涛，是为当时。大涛鼎沸，旋至无声，是为过时，过则汤老而香散，决不堪用。"

智慧的中华先辈在实践中对烧水煮茶已有了详细的总结。因此，品评黑茶烧水应达到沸滚起泡为度，这样的水泡茶才能使汤味更多地发挥出来，水浸出物也溶解得较多。水沸过久，使溶解于水中的空气全被驱逐，茶汤变得无刺激性，失去了用新沸滚的水所泡茶汤应有的新鲜滋味。如果水没有沸滚而泡茶，则茶叶浸出物不能最大限度地泡出。

（二）宜茶之器

清饮冲泡黑茶通常采用紫砂壶和盖碗两种，近几年开始流行铁壶熬煮老黑茶。铁壶在熬煮老黑茶的过程中存在保温性强，闷煮过程可产生独特枣香等优点。与此同时，铁壶中的铁存在与茶叶中的多酚物质发生络合反应的可能，而且长时间的熬煮存在铁壶材质中的重金属析出的可能。所以虽然市面十分流行铁壶熬煮老黑茶，但笔者不建议采用铁壶熬煮黑茶的品饮方式。无论是铁壶还是紫砂壶，对于冲泡黑茶而言，选用形体稍大、续温力强的茶壶会比较适宜一些，所以茶壶应选择胎壁厚重、壶盖口比例略小的款式。另外，茶壶的出水要确保流畅，有时放的茶量太多，沸水冲入壶中需要马上倒出，出水不够快的壶会影响冲泡者的操作。

烧制紫砂壶的原料采用的多孔性泥

蒙顶山茶史博物馆内
国人品茶场景蜡像

武夷茶学院茶文化
培训室一角

料使其具有双重气孔的结构，其气孔微细、密度高，具有较强的附吸力，能吸收茶之香味，且保持较长的时间。而施釉的陶瓷茶壶，这种功能就相对较为欠缺。由于紫砂壶的嘴小，壶口和壶盖的位移非常小，使得紫砂壶相对地延长了茶汁变质发馊的时间。宜兴紫砂泥主要成分为石英、黏土、云母和赤铁矿，这些矿物的颗粒组成（自然形成的颗粒的大小尺寸）适中，具有类似中国大陆南方制瓷原料的特点，使紫砂泥具备了可塑性好、生坯强度高、干燥收缩小等良好的工艺性能。紫砂泥经过高温烧制后，形成的双重气孔使产品具有较高的气孔密度和一定的气孔率。与此同时，紫砂泥试样中的结晶相对较多，玻璃体结构相对较少。由于紫砂壶坯体不施釉，所以烧成后仍有较大的吸水率和气孔率。因此，制成品具有良好的吸附气体性能

和透气性能，用之泡茶色、香、味均好。另外，由于紫砂壶传热缓慢，用沸水泡茶不炙手，放在文火上煮茶，也不易烧裂。

紫砂壶可塑造成不同的外形，因制作精美、形态各异，历来成为人们喜爱的茶具，在实用的基础上，为人们增添了饮茶的乐趣。

盖碗则分为瓷质盖碗和玻璃盖碗，冲泡黑茶多用瓷盖碗。瓷盖碗烧制时温度高，碗体通常脆而导热快，对于泡茶初学者，顺利端起一杯沸水冲泡的盖碗儿茶并非易事。因此，为了冲泡便利，通常采用沿口向外较开的盖碗儿。另外，盖碗在冲泡过程中对于香气的外扬特别好，通常开水下去，香气便随着水汽腾空而上，直入鼻腔。需要注意的是，盖碗儿内壁常为白色，用完一定要清洗干净，不得积留茶渍，否则影响下次冲

龙行天下　　　　　陶缘壶　　　　　　圣桃壶

星语心愿　　　　　笑樱壶　　　　　　大彬六方

高石瓢　　　　　　寿珍掇球　　　　　倒把西施

景州石瓢　　　　　矮潘壶　　　　　　凤眼壶

仿古壶　　　　　四方抽角虚扁　　　　六方井栏

仿古壶　　　　　　升方壶

紫砂壶（由器之魂刘东提供）

泡。总而言之，盖碗儿方便、实惠，普通家庭和一般茶店、茶座都首选盖碗泡茶。

二、黑茶品饮的美感来源

黑茶茶品的特殊美感主要来源于以下几个方面：一古朴的外形；二原生态的包装；三藏茶时的转化；四神奇的养生功效。

（一）古朴的外形

黑茶经过特殊的加工和包装，与纤芽头型的绿茶形成明显对比，它外形庞大、体积较重，给人以古朴自然、成熟稳重、粗犷大气之美感，有诗赞云："貌似树干却是茶，神奇之棒谁敢攀，骆驼路上铃声响，半年釜饮已到家"。外形或圆或方，蕴含人生哲理；包装精细，透射出古人的智慧与精明。当西北牧民饮着陈香醇厚的黑茶，看着一望无际的沙漠和茫茫的戈壁，听着"天苍苍，野茫茫，风吹草低见牛羊"的音乐时，赶着成群的牛羊，其豪迈大气、自由洒脱的情怀显现得淋漓尽致。千百年来，西北游牧民族大口吃肉、大碗喝酒、歌声嘹亮、舞姿优美、性格爽朗，其生活习惯和文化风俗已然成为中华文化的重要组成部分，是大西北宽广的地理环境造就了他们、是祖先千百年的文化传承影响了他们、是特殊的气候造就了他们、

中茶公司生产的
五千两茶

更是安化黑茶的古朴大气感染了他们！让我们骋思神游，若以大西北的天地为茶席、以自然的风声和牛羊声为伴乐来演绎黑茶茶艺，不正像是演绎着人生、述说着哲理吗？真实、自然、沉稳、大气是我们应该从黑茶那里悟到的人生道理。

（二）原生态的包装

黑茶外包装的材质和形式是六大茶类中"最土最俗"的，但这种纯朴的"土和俗"却衬托出了黑茶的原生态之美。黑茶的包装材料多采用竹篾、棕片、蓼叶、木箱、棉纸、笋壳、麻绳等天然材质，这样的茶品时时刻刻透射出茶与自然的和谐之美——既无现代工业的污染，保证了黑茶长期储存的品质安全，又能将大自然的气息蕴含至茶品当中，使得陈年黑茶更富韵味，称得上"纳天地之灵气，吸日月之精华"，符合中国古典哲学思想。同时，黑茶消耗之后，完全回归自然，尘归尘，土归土，不给环境带来任何污染。如云南普洱茶，进入市场的绝大部分普洱茶茶品都采用古朴的笋壳包装，走入茶店，立刻就能认出那是云南七子饼。这是一种整体形象，一个产品的包装倘若没有自己的特色，就很难在市场、消费者中定位和立足。不像现代的许多新茶品，为追求所谓的高档次，花哨的包装，现代化的材质，使茶品的品位失去了往日的文化底蕴，消费之后也给环境带来污染压力，不容小觑。

（三）黑茶的收藏

相信大部分人喝黑茶，都是在朋友的极力劝说之后开始的。粗老的茶叶，黄红的茶汤，一股说不出来的中药味儿，或是田间秸秆的粗涩味儿，抑或带着点"霉臭"味，使大部分人第一次品饮后仍心有余悸。但是，只要继续品尝，每过10分钟，回甘、陈香、醇味就越来越明显，使原本鼓胀的肚子变得似乎舒服了。慢慢地，便开始探寻啥叫花砖、啥叫茯砖、啥叫黑砖？为啥要把茶做成千两那个样子？多不方便！白沙溪、中茶、久扬、安化茶厂的产品都有啥区别？它们之间到底存在着怎样理不清的关系？突然某天，有人给你说，这茶是港仓，抑或此茶为西北仓，或者有人甚至告诉你黑茶就得喝湖南仓。你开始仔细去辨认这其间的区别。接着，你开始慢慢留意普茯、特茯、红丝带、极品茯茶的区别，抑或你有幸哪天接触到一泡90年代的9101，抑或93茯、95茯，藏茶的欲望便由此而生了！

当你开始选择自己藏茶，又会疑虑：每年那么多新茶，将来会不会好？到底哪种好，哪种不好？渐渐地，你开始往家里搬，一片，两片，一提，两提，一箱，两箱……你的家人开始变得不理解你，弄那么多玩意儿，能喝得完吗？你甚至开始悄悄地添仓，开始留私房钱……然而，大部分收藏的茶叶，你是舍不得喝的，开一片新茶会让你犹豫很久：那片茶，一打开，好像就没了，心中总会有所不舍。缘何？因为很多茶，都是自己一手藏出来的，要喝掉，是万般不舍的，特别是对于一些存量少的茶。其实，喝黑茶，特别是年份久的黑茶，喝的就是一种感觉，一种与茶友分享快乐的感觉："我有这茶，你没有，嘿嘿！"；"这茶是我藏了多年的，来，现送给你"；"这片黑茶好珍稀呀，能不能分给我点儿呀？"独乐乐不如众乐乐，快乐地生活，快乐地做茶，这就是黑茶带给我们的人生哲理——"乐活"！

黑茶存放多久才为佳？抑或最长能放多久？笔者认为没有固定的标准，不同的原料和压制形式不尽相同，大凡茶品紧结之茶（如青砖、花砖、黑砖），因氧气不能透入砖体，自身的氧化和砖内微生物活性较弱，转化速度缓慢，存放时间宜长。而茶品松散之茶（如天尖、贡尖、生尖和茯砖茶），该类茶品陈化速度相对较快、转化速度较快，口感会较早醇化。不同年代的黑茶产品，因与政策联系紧密，具有其年代规律性。

边销茶市场放开以前，黑茶原料来源稳定、生茶流程操作规范、工艺传统、收购严格、原料标准、配方固定、加工的茶品质量稳定，基本能体现黑茶品质风格。边销茶市场开放后，厂商在原料收购及市场销售方面的不良竞争，导致了低价低质的恶性循环，此段时期茶品难以体现黑茶真正的品质风格。近年来，

广东省某茶叶仓储
公司库房

随着消费者关注黑茶和黑茶制茶科技水平的提高，各生产厂家也认识到了品质的重要性，不惜高价收购当地优质黑毛茶原料，使黑毛茶的品质跃上一个新的台阶。

黑茶茶品具有独特的酒糟香，这是黑茶初制渥堆工艺形成的，茯砖茶则有典型的菌花香。湖南黑茶的香气开阔上扬；其滋味入口略带刺激，但很快回复平和醇正，吞咽后舌根微涩；汤色橙红带艳（陈年黑茶汤色红浓明亮，似琥珀色），置于玻璃杯中，仿佛一杯存放多年的洋酒，静待一杯黑茶在岁月的积淀中由橙黄转变为深红，未尝不是一种美的享受（随着一杯黑茶慢慢变老，何其逍遥）。老茶耐泡，陈年茶品一般可冲泡十次有余。其汤色红浓明亮，无沉淀，无浑浊，入口甜醇爽口、润、滑，味厚而不腻，越往后泡茶汤越显甜纯，老茶凸显陈香。

（四）神奇的养生功效

茶初为药饮，中国历代药学著作多有记载，其后逐渐成为生津解渴的饮料。时至今日，人们将饮茶推向了一个品评的艺术境界。带上一泡黑茶，和茶友品茶论道，何其美哉，何其开心。茶为药饮，黑茶在减肥降脂、调节肠胃、降低血糖血脂、预防三高方面（第七篇将详述）功效独到，何其健康。

三、黑茶的品饮方式

黑茶品饮方式多样，口味可以根据个人喜好与习惯调配，而不同的饮用体现了黑茶的不同风韵：清饮可品出茶的真性；调饮则可体验茶与其他成分的完美结合，又能增强饮茶的营养功效；药饮可解除人体的疾患。因此，人们可根据个人习惯和身体状况进行选择。

（一）清饮法

当前，清饮黑茶是多数都市消费者采用的主要方式，冲泡时可以根据个人喜好和习惯选择不同的方法。一般来说主要有盖碗泡饮法、飘逸杯泡饮法、陶壶（紫砂壶）泡饮法、煮茶机煮饮法等等。黑茶多为紧压茶，饮用之前需要用茶刀、茶锥顺着茶叶纹理层层撬开，将茶碎成小块，以备饮用。

1. 盖碗泡饮法

烫洗杯具：用100℃开水将盖碗（包括碗盖）、公道杯、品茗杯等茶具烫洗一遍。

浸泡茶叶：将备好的茶叶投入盖碗中，用回旋法向杯中注入开水至稍有溢出，约 10 秒后将浸洗茶叶的水倾入茶船或水盂中，用杯盖刮去表面的浮沫，然后用开水冲洗杯盖。

正式冲泡：将开水注入杯中至离杯口 5mm 处，盖上杯盖，一定时间后将茶汤经滤网倒入公道杯中，再分入各品茗杯中，供客人品饮。泡茶时间应根据茶叶质量、存放年份、个人喜好、投茶量来略加调整。

以 150ml 的盖碗投茶 10g 为例。第一泡出汤时间散茶约 15 秒、紧压茶约 20 秒；第二泡散茶约 10 秒、紧压茶约 15 秒；第三泡散茶约 15 秒、紧压茶约 20 秒；第四泡散茶约 25 秒、紧压茶约 30 秒；第五泡散茶约 40 秒、紧压茶约 40 秒。此后，每泡延长 30 秒，直至茶味平淡，即可换茶。

2. 飘逸杯泡饮法

烫洗杯具：用 100℃开水将飘逸杯及内胆、品茗杯烫洗一遍。

浸洗茶叶：将备好的茶叶投入泡茶内杯中，用回旋法向内杯注入开水至满，10 秒后，按住放水钮，让浸洗茶叶的水流入外杯，然后倒弃。

正式冲泡：向内杯注入开水至满，一定时间后按放水钮，让茶汤流入外杯，然后分入各品茗杯中，由客人品饮。

泡茶时间以 500ml 飘逸杯（内杯 180ml）投茶 12g 为例。第一泡出汤时间散茶约 20 秒、紧压茶约 25 秒；第二泡散茶约 15 秒、紧压茶约 20 秒；第三泡散茶约 20 秒、紧压茶约 25 秒；第四泡散茶约 30 秒、紧压茶约 30 秒；第五泡散茶约 60 秒、紧压茶约 60

盖碗泡黑茶

盖碗泡黑茶

飘逸杯泡黑茶

陶壶（紫砂壶）泡
黑茶

秒。此后，每泡延长 30 秒，直至茶味平淡，即可换茶。

3. 陶壶（紫砂壶）泡饮法

烫洗杯具：用 100℃开水将陶壶或紫砂壶、公道杯、品茗杯烫洗一遍。

浸洗茶叶：将备好的茶叶投入陶壶或紫砂壶中，用回旋法向壶中注入开水稍有溢出，10 秒后，将浸洗茶叶的水倒入茶船或水盂中，用壶盖刮去表面浮沫，然后用开水冲洗壶盖。

正式冲泡：将开水注入壶中至壶口齐平，盖上壶盖，一定时间后将茶汤经滤网倒入公道杯中，然后分入各品茗杯中，供客人品饮。

泡茶时间以 250ml 壶投茶 15g 为例。第一泡出汤时间散茶约 15 秒、紧压茶约 20 秒；第二泡散茶约 10 秒、紧压茶约 15 秒；第三泡散茶约 15 秒、紧压茶约 15 秒；第四泡散茶约 25 秒、紧压茶约 25 秒；第五泡散茶约 40 秒、紧压茶约 40 秒。此后，每泡延长 30 秒，直至茶味平淡，即可换茶。

4. 煮茶机煮饮法

烫洗用具：用 100℃开水将煮茶机的盛水器皿、煮茶袋、品茗杯烫洗一遍。

煮茶机

浸洗茶叶：将备好的茶叶投入煮茶袋中，按 500ml 水煮茶 10g 的标准置茶。用开水将盛放茶叶的煮茶袋浸洗 10 秒，将水滤净，将煮茶袋安放好。

正式煮饮：打开煮茶开关，待茶煮好后，关闭开关，取下煮好的茶汤分入各品茗杯中，由客人品饮。以后逐渐减少用水量，煮 2~3 次即可换茶。

（二）调饮法

历史上，黑茶主要供应西藏、新疆、内蒙古等地少数民族饮用。由于民族和地区不同形成了不同的饮茶风俗，但民族地区都具有紧压茶饮用的共同点：首先，饮用前都要将茶打碎，而不能直接调制，这就衍生出茶刀、茶碾等磨碎茶叶的工具。其次，都采用烹煮法烹制，与散茶相比，紧压茶较为紧实，烹煮更容易出汤。西藏和新疆属于高原和高寒地区，气压低，沸水温度达不到 100℃，内地的冲泡法很难使茶叶浸出物顺利浸出。再次，多以调饮法饮用。相比绿茶等清饮法，调饮会加入一些牛羊奶等其他物质，使营养更丰富。饮黑茶自古以来就是边疆民族日常生活的一部分，不可一日无之。

1.藏族酥油茶

藏族人民视茶为神之物，从历代的"赞普"至寺庙喇嘛，从土司到普通百姓，"一日无茶则滞，三日无茶则病"。因其食物结构中，乳肉类占很大比重，而蔬菜、水果较少，故藏民以茶佐食，餐餐必不可少。藏族饮茶方式主要有酥油茶、奶茶、盐茶、清茶几种方式，调查结果表明：酥油茶是最受欢迎的饮用方式。藏族酥油茶是一种以黑茶为主料，并加有多种食物经混合而成的液体饮料。酥油茶藏语为"恰苏玛"，意思是搅动的茶。酥油是从牛羊奶中提炼出来的。以前，牧民提炼酥油的方法比较特殊，先将奶汁加热，然后倒入一种称做"雪董"的大木桶里（高4尺、直径1尺左右），

用力将"甲罗"（打酥油茶用的木棍）上下抽打，来回数百次，搅得油水分离，上面浮起一层糊黄色脂肪质，把它舀起来，灌进皮口袋，冷却后便成酥油。目前许多地方使用奶油分离机提炼酥油。酥油茶是藏族群众每日必备的饮品，是西藏高原生活的必需品，多作为主食与糌粑一起食用。一来可以缓解高原反应，二来可以预防因天气干燥而致嘴唇爆裂，三来可以起到很好的御寒作用。

制作这种藏族特色饮料，需要的材料有酥油、砖茶、食盐，还可辅以其他配料。

第一步：制作浓茶汁。在锅中加300毫升水，煮沸，用刀切3到5克碎砖茶放入沸水中，继续烹煮，直到茶水变黑。

第二步：将适量酥油放入特制木桶

藏族酥油茶

中，还可以根据需要加入事先已炒熟、捣碎的核桃仁、花生米、芝麻粉、松子仁之类，最后放上少量的食盐、鸡蛋等。再注入熬煮的浓茶汁。

第三步：用木杵反复捣拌抽打，据藏族人经验，当抽打时打茶筒内发出的声音由"咣当、咣当"转为"嚓、嚓"时，表明茶汤和佐料已混为一体，酥油茶才算打好了，即可饮用。

酥油茶也是藏族同胞用来待客的高规格礼节，客人到来，主人就会邀请客人坐到藏式方桌边，主人便拿过一只木碗（或茶杯）放到客人面前，接着主人提起酥油茶壶摇晃几下，给客人倒上满碗酥油茶。倒茶时壶底不能高过桌面，以示对客人的尊重。而客人在饮酥油茶前，应先和主人聊天。当主人再次提过酥油茶壶站到客人面前时，客人端起碗来，用无名指蘸茶少许，弹洒三次，奉献给神、龙和地灵。而后沿着碗沿轻轻地吹一圈，将浮在茶上的油花吹开，然后呷上一口，给予赞美。饮茶不能太急太快，不能一饮到底，留一半左右，把碗放回桌上，等主人添上再喝。就这样，边喝边添，宾主之间其乐融融。热情的主人总会将客人的茶碗添满，如果你不想再喝，就不要动它；假如喝了一半，不想再喝了，主人把碗添满，你就摆着。客人准备告辞时，可以连着多喝几口，只在碗里留点漂油花的茶底。

2. 维吾尔族奶茶

新疆维吾尔族有喝奶茶的习俗。西北属于高寒地区，肉食较多，蔬菜很少，奶茶可以帮助消化，是一种可口而富有营养的饮料。从事牧业生产的少数民族群众由于早出晚归，往往一天中只在家里做一顿晚饭，白天在外，只随身带简便炊具，烧上奶茶代饭，一天要喝好几次奶茶。他们每喝一次奶茶，都讲究喝足、喝透，喝到出汗为止。喝奶茶时，附带吃一些炒米、奶油、奶皮子、奶疙瘩、馕和肉等食品。一般在家招待客人时，也是先烧奶茶，附带吃一些奶制品和面制品，然后再煮肉做饭，让客人喝足吃饱。在喝奶茶时宾主边喝边聊天，客人若喝够了，吃饱了，可将右手五指分开，轻轻在茶碗上盖一下，并表示谢谢。主人即心领神会，不再为你添奶茶。

奶茶的主要原料是黑茶和牛羊奶。一般做法如下：

第一步：先将砖茶捣碎，放入铜壶或水锅中熬煮。

第二步：待茶汤烧开后，加入鲜奶继续熬煮，沸腾时不断用勺扬茶，直到茶乳充分交融。

第三步：将茶渣除去，加入少量食盐，搅拌均匀，即可饮用。也有不加盐的，只将盐放在旁边，每个人根据自己口味添加。

哈萨克、塔塔尔等民族烧制奶茶更有讲究，他们将茶水和开水分别烧好，各放在茶壶里，喝奶茶时，先将鲜奶和奶皮子放在碗里，再倒上浓茶，最后用开水冲淡。每碗奶茶都要经过这三个步骤，而每次都不把奶茶盛满，只盛多半碗，这样喝起来味浓香而又凉得快。

3.蒙古族奶茶

蒙古奶茶，蒙古语称"苏台茄"，是流行于蒙古族的一种饮品，由砖茶煮成并带有咸味。喝此种奶茶是蒙古族的传统饮食习俗。除了解渴外，也是补充人体营养的一种主要方法。蒙古族视茶为"仙草灵丹"，过去一块砖茶可以换一头羊或一头牛，草原上有"以茶代羊"馈赠朋友的风俗习惯。在蒙古族牧民家中做客，也有一定的规矩。首先，主客的坐位要按男左女右排列。贵客、长辈要按主人的指点，在主位上就座。然后，主人用茶碗斟上飘香的奶茶，放少许炒米，双手恭敬地捧起，由贵客长辈开始，每人各敬一碗，客人则用右手接碗，否则为不懂礼节。如果你少要茶或不想喝茶，可用碗边轻轻地碰一下勺子或壶嘴，主人就会明白你的用意。在内蒙古草原，只要是蒙古族，就有喝奶茶的习惯。这就像许多西方人爱喝可乐一样，奶茶就是蒙古族不可缺少的"可乐"。

蒙古族奶茶的制作方法如下：

第一步：把砖茶（青砖茶或黑砖茶）打碎，将洗净的铁锅置于火上，盛水 2～3kg。

第二步：烧水至沸腾时，加入打碎的砖茶 50～80g。

第三步：当水再次沸腾 5 分钟后，掺入牛奶，用奶量为水的五分之一左右，稍加搅动，再加入适量盐巴。

第四步：等到整锅咸奶茶开始沸腾时，茶香、奶香四溢，咸奶茶煮好了，即可盛在碗中待饮。

（三）药饮法

药饮是在非常特殊的情况下，通过加大茶量来有效解除身体疾苦的一种饮用方式。如遇急性肠炎发作，腹胀不消化，重感冒引起的痧症等，可加大用茶量，通过较长时间的慢火熬煮取得浓烈的茶汤，一般情况下 2 ~ 3 小时之内即可解除症状，连续饮用 2 ~ 3 天即可痊愈，所用茶品最好是陈年老茶。

（四）家庭日常饮用

家庭常备黑茶，有备无患，尤其是陈年老茶，因为它是一味良药，且无任何副作用，在急需之际用上它，你会感到它在你的生活中的重要性非同一般。患有慢性病、富贵病的人士，可有意识地收藏一些茶品，因为市面上的陈茶太贵且时有以假乱真的伪劣产品，不如自己收藏来得放心。炎炎夏日，用黑茶冲泡的凉茶口感甜纯，特别能解渴，且不易馊变，在夏天，饮用一杯这样的茶比任何其他冷饮都管用，既解渴，又保健。

（五）常见黑茶的清饮冲泡方法

1. 六堡茶的冲泡方法

六堡茶产自于广西壮族自治区梧州市，乃中国国家地理标志产品。干茶外形条索紧结、色泽黑褐，有光泽，汤色红浓明亮，香气纯陈，滋味浓醇甘爽，显槟榔香味，叶底红褐或黑褐色，简而言之具有"红、浓、醇、陈"等特点。此处介绍六堡茶的紫砂壶冲泡方法。

备具：选用紫砂壶、公道杯、品茗杯。

赏茶：用茶匙取出 15~20g 茶叶（根据喜好浓度取茶），置于茶荷中供茶客欣赏干茶的形与色。

温杯：冲泡前先用沸水温杯烫壶，烫壶时间要足够，保证注水泡茶时不因壶体温度过低而降低了冲泡水温。

投茶：将预先备好的六堡茶投入壶中，视饮茶者喜好增减投茶量，此时可赏一下六堡茶被热体壶激发出的表香，同时可评鉴该茶的存储方式是否得当。

洗茶：向壶中冲入100℃的沸水，用盖子刮去茶沫，冲泡过程注水要轻，避免六堡茶在茶汤中过分翻滚，约3秒后滤出茶汤。

冲泡：向壶中缓缓注入沸水，盖上壶盖，依饮茶者个人喜好而增减冲泡时间。

出汤：将茶汤用过滤网沥入公道杯，滤出茶汤后的叶底忌翻滚和抖动，防止再次冲泡出现浑汤。

品饮：将茶汤分入品茗杯，即可品饮，品饮过程要注重汤感的厚度和滑度，饮完后留意品鉴杯底香。

2. 茯砖茶的冲泡方法

茯砖茶，特制茯砖砖面色泽黑褐，内质香气纯正，滋味醇厚，汤色橙黄／红明亮，叶底黑褐尚匀。品鉴茯砖茶之前，可携一微型放大镜，观察茯砖茶金花颗粒。此处介绍茯砖茶的紫砂壶冲泡法。

备具：选用紫砂壶、公道杯、品茗杯、茶刀／茶锥。

撬茶：用茶锥将茯砖茶撬开，因茯砖茶内部和表面口感差异较大，冲泡时可将茯砖茶表面和内部拼配调和后冲泡。

赏茶：将取下来的茶叶置于茶荷中，供茶友欣赏干茶的形与色，尤其是金花颗粒，条件允许的情况下可携带一枚微型放大镜，观察茯砖茶金花颗粒。

温杯：冲泡茯砖茶之前，先用沸水温杯烫壶，时间要留够，保证壶体热透；

投茶：将预先备好的茶投入壶中，投茶量一般以茶水比1∶20（可视茯砖茶原料及个人喜好增减茶量）为宜。

洗茶：向壶中冲入100℃的沸水，用盖子刮去茶沫，约3秒左右倒掉，此时可揭开壶盖，品鉴茯砖茶所特有的菌花香，但切忌翻动叶底，避免浑汤。

冲泡：向壶中缓缓注入沸水，盖上壶盖，依年份和个人喜好增减冲泡时间。

出汤：冲泡好后，将紫砂壶内的茶汤徐徐注入带有过滤网的公道杯中，建议选用玻璃公道杯，可清楚观察茶汤色泽。

品饮：将公道杯中的茶汤分入品茗杯中，即可品饮，注意保证每位客人品茗杯中茶汤量基本一致，避免厚此薄彼。

3. 花砖茶的冲泡方法

花砖茶砖面色泽黑褐，香气纯正，汤色橙黄／红明亮，滋味浓厚微涩，叶底老嫩匀称。因茶砖边缘压制有花纹而名为花砖茶，其原料选配起源于花卷茶。此处介绍花砖茶的紫砂壶冲泡方法。

备具：选用紫砂壶、公道杯、品茗杯、茶刀／茶锥。

撬茶：先用茶锥将花砖茶撬散，撬散后放入紫砂罐中醒茶，以后随喝随取，因花砖茶压制较紧实，撬茶时需沿茶砖固有纹路下针，否则容易伤到手指（文后黑砖茶、青砖茶同此处）。

赏茶：将取下来的茶叶置于茶荷中，供茶友欣赏干茶的形与色，年份茶可观察内外部色泽的差异及香气的变化。

温杯：冲泡前先用沸水温杯烫壶，时间要留够，保证壶体热透。

投茶：将预先备好的茶投入壶中，投茶量一般以茶水比1∶20（可视茶原料及个人喜好增减茶量）为宜。

洗茶：向壶中冲入100℃的沸水，用盖子刮去茶沫，约3秒左右倒掉，其后可揭开壶盖品鉴花砖茶的香气。

冲泡：第二次向壶中注入沸水，盖上紫砂壶盖，因花砖茶压制较为紧实，故冲泡时间可稍长一些，需要体验甜醇口感则冲泡时间略短。

出汤：冲泡好后，将紫砂壶内的茶汤徐徐注入带有过滤网的公道杯中。

品饮：将公道杯中的茶汤均分至各茶友品茗杯中，即可品饮。

4. 黑砖茶的冲泡方法

黑砖茶茶砖端正，棱角分明，香气纯正，汤色橙黄红而明亮，滋味较浓醇。传统黑砖茶在生产选料上，等级要略低于花砖茶，在茶汤浓度上会略为逊色一些，但对喜好甜醇口感的茶友而言则另是一番风味。此处介绍黑砖茶的紫砂壶泡饮法。

备具：选用紫砂壶、公道杯、品茗杯、茶刀／茶锥。

撬茶：同花砖茶。

赏茶：将取下来的茶叶置于茶荷中，供茶友欣赏干茶的形与色。

温杯：冲泡先用沸水温杯烫壶，要求同花砖茶。

投茶：将预先备好的黑砖茶投入壶中，投茶量一般以茶水比 1：20（可视茶原料及个人喜好增减茶量）为宜。

洗茶：向壶中缓缓注入 100℃的沸水，用壶盖刮去茶沫，约 3 秒左右倒掉，其后，可揭开壶盖品鉴黑砖茶香气。

冲泡：再次缓缓向壶中注入沸水，盖上壶盖，依个人口感偏好、投茶量多少及茶砖紧压程度掌握冲泡时间。

出汤：冲泡好后，将紫砂壶内的茶汤徐徐注入带有过滤网的公道杯中。

品饮：将公道杯中的茶汤均分至各茶友品茗杯中，即可品饮。

5. 青砖茶的冲泡方法

青砖茶色泽为棕色，茶汁味浓可口，香气独特，回甘隽永。一级茶（洒面）条索较紧，稍带白梗，色泽乌绿。二级茶（二面）叶子成条，红梗为主，叶色乌绿微黄。三级茶（里茶）叶面卷皱，红梗，叶色乌绿带花，茶梗以当年新梢为度。传统青砖茶分里茶和洒面茶，如今多数厂家已不再进行区分，里外采用一口料。此处介绍青砖茶的紫砂壶冲泡方法。

备具：选用紫砂壶、公道杯、品茗杯、茶刀 / 茶锥。

撬茶：同花砖茶，不同之处在于青砖茶砖体更加紧实，撬茶难度更大。

赏茶：将取下来的茶叶置于茶荷中，供茶友欣赏干茶的形与色。

温杯：冲泡先用沸水温杯烫壶，同花砖茶。

投茶：将预先备好的茶投入壶中，投茶量一般以茶水比 1：20（可视茶原料及个人喜好增减茶量）为宜，因砖体较紧实，所投之茶宜散一些为好。

洗茶：向壶中冲入 100℃的沸水，用盖子刮去茶沫，约 3 秒左右倒掉，若壶体较大，不必注满，略高于茶体即可。

冲泡：缓缓向壶中注入沸水，盖上壶盖，依情况增减冲泡时间。

出汤：冲泡好后，将紫砂壶内的茶汤徐徐注入带有过滤网的公道杯中。

品饮：将公道杯中的茶汤均分至各茶友品茗杯中，即可品饮。

6.花卷茶的冲泡方法

陈年千两茶茶胎色泽如铁而隐隐泛红，开泡后陈香醇和绵厚，汤色透亮如琥珀，滋味圆润柔和令人回味，同一壶茶泡上数十道汤色无改，饮之通体舒泰。新制千两茶味浓烈有霸气，涩后回甘是其典型特征。其香有樟香、兰香、枣香之别，前者为上，后者为下，梯次以降。花卷茶因净含量不同可分为十两茶、百两茶、千两茶等。此处介绍千两茶紫砂壶冲泡方法。

备具：选用紫砂壶、公道杯、品茗杯、茶刀/茶锥。

取茶：千两茶为36.25公斤的茶柱，饮之前需先将千两茶柱锯为千两茶饼，其后再将千两茶饼用茶刀或茶锥将茶叶撬散并置于紫砂罐中储存。

赏茶：将取下来的茶叶置于茶荷中，供茶友欣赏干茶的形与色。

温杯：冲泡先用沸水温杯烫壶，同花砖茶。

投茶：将预先备好的茶投入壶中，投茶量一般以茶水比1：20（可视茶原料及个人喜好增减茶量）为宜。

洗茶：向壶中冲入100℃的沸水，用盖子刮去茶沫，约3秒左右倒掉。

冲泡：再次向壶中缓缓注入沸水，盖上壶盖，依情况增减冲泡时间。

出汤：冲泡好后，将紫砂壶内的茶汤徐徐注入带有过滤网的公道杯中。

品饮：将公道杯中的茶汤均分至各茶友品茗杯中，即可品饮。

第七篇
功效：黑茶的品质化学与保健

　　"神农尝百草，日遇七十二毒，得茶而解"是人们广为熟知的传说，说明茶被人们认识是从其药效功能开始的。翻阅我国有影响的草本类医著，历朝历代的医学名家都将茶收入其中并加以注解说明。凭着经验与感悟古人总结出茶叶具有消食、止渴、利尿、降解脂肪等功效。而现代医学则从茶叶的化学组成证明了茶叶具有降血脂、降血糖、抗氧化、抗癌、防辐射、抗突变、抗病毒、增强免疫力等功效。这些药理保健功效让茶叶满足了人们追求健康生活品质的需求。

一、茶叶的传说与功效的记载

（一）神农氏的传说

　　神农氏本为三皇之一，出生在烈山的一个石洞里，出生时全身透明，内脏五腑皆可见，形为牛头人身，出生时突现九眼井，部落认为他是天神化身，长大后遂被人们推为部落首领。因为他的部落居住在炎热的南方，称炎族，大家就称他为炎帝。因他在农业上的卓越贡献，大家又称他为神农。

　　神农氏心藏大爱，见人生病时痛苦万分而心生大志，取道都广之野而登建木上天帝花园取瑶草，偶遇天帝赠赐神鞭，神农从都广之野甩动神鞭至烈山。神农誓言尝遍所有草本为百姓治病，期间多次中毒，幸得从茶树滴落的露水解其毒，遂发现了茶，即"神农尝百草，日遇七十二毒，得茶而解"。后因尝断肠草而逝世。百姓为了纪念他的恩德和功绩，称奉他为药王神，并建药王庙四时祭祀。神农尝百草之地乃现川、鄂、陕交界之处，今人称之为神农架山区。

（二）本草书籍的记载

　　《神农本草经》首次记载茶为药之论据，其文曰："味苦寒。主五脏邪气，厌谷，胃痹。久服，安心益气，聪察少卧，轻身耐老。一名荼草，一名选。生川谷。"而后由陆羽《茶经》进行佐证："茶之为饮，发乎神农氏，闻于鲁周公。"失传之作《神农食经》则记载为："茶茗久服，令人有力、悦志。"唐代，陈藏器所著《本草拾遗》曰"止渴除疫，贵哉茶也"，并提出"茶为万病之药"。宋代，林洪所著专著《山家清供》也提出"茶，即药也"。而最早将茶叶载为正式官药者当推唐代苏敬等撰的《新修本草》，这部世界上最早的药典在木部中品卷第三十二中记载："茗，苦茶，味甘、苦，微寒，无毒，主瘘疮，利小便，去痰、热、渴，令人少睡，秋（春）采之。苦茶，主下气，消宿食，作饮加茱萸、葱、姜等良。"明朝，李时珍所著《本草纲目》作"气味苦、甘，微寒，无毒"。明朝李中梓《雷公炮制药性解》称其"入心、肝、脾、肺、肾五经"。历代医药学家凭自身治病救命之经验，将茶广泛应用于医药的实证，总结于各本医书中，汇总如下：魏·吴普《本草经》；唐·李绩、苏敬《新修本草》；唐·陈藏器《本草拾遗》；宋·陈承《重广补注神农本草并图经》；元·王好古《汤液本草》；元·吴瑞《日用本草》；明·汪机《石山医案》；明·张时彻《摄生众妙方》；明·陈时贤《经验良方》；明·李时珍《本草纲目》；明·缪希雍《神农本草经疏》；明·李中梓《本草通玄》；清·汪昂《本草备要》；清·张璐《本经逢元》；清·黄宫绣《本草求真》；清·孙星衍《神农本草经》；近代丁福保《食物新本草》；谢观《医药大辞典》等。

典籍记载茶为药

书籍名称	作者	记载功效
《神农本草经》	东汉时整理集结成书	味苦寒。主五脏邪气，厌谷，胃痹。久服，安心益气，聪察少卧，轻身耐老。一名茶草，一名选。生川谷。
《神农食经》	不详	茶茗久服，令人有力、悦志。
《本草拾遗》	唐·陈藏器	茶为万病之药……止渴除疫，贵哉茶也。
《山家清供》	宋·林洪	茶，即药也。
《新修本草》	唐·李绩、苏敬	茗，苦茶，味甘、苦，微寒，无毒，主瘘疮，利小便，去痰、热、渴，令人少睡，秋（春）采之。苦茶，主下气，消宿食，作饮加茱萸、葱、姜等良。
《本草纲目》	明·李时珍	气味苦、甘，微寒，无毒。
《雷公炮制药性解》	明·李中梓	入心、肝、脾、肺、肾五经。

二、饮食与饮茶

1949 年以前，我国是一个典型的农业国家，社会发展和生产力水平很低，人们的食物以谷类和蔬菜为主，膳食中动物性食品所占比例很小。日常生活中的开门七件事：柴、米、油、盐、酱、醋、茶，而茶饮只是上层社会的饮品，普通老百姓很少享用。

新中国成立后至改革开放前，虽然社会稳定，但生产力低下，实行的是计划经济，生产和物质供应都按计划进行，加上国家生产力水平依然不高，国民的生活水平也很低。由于物质匮乏，绝大多数国民的生活水准只能是基本温饱，如南方普通城镇居民的大米供应为 27 斤 / 月，油和肉的供给也是限量的，城镇居民虽有饮茶习俗，但不普遍。占人口 80% 农村居民基本不饮茶，劳作之余常常是舀一瓢清水解渴，加上膳食中油水较少，饮茶会加速食物的消化，普通民众一般不会经常饮茶。但边疆少数民族，特别是游牧民族，由于特殊的膳食结构他们要饮用特定的茶叶——边销茶，为此，国家发布了一系列方针、政策，确保边销茶的供给，以保障少数民族群众的基本生活和社会稳定。在此期间，边销茶的销售人群和区域是比较固定的。

作为国家重要的经济作物，改革开放前茶叶的生产以国际市场为导向，为国家换取急需的外汇收入。改革开放后，随着国家生产力水平的提高，国民经济总产值不断增长，国民的生活水平也不断提高，其消费水平、购买能力和食物选择发生变化，膳食结构中来自碳水化合物的比例越来越低，而脂肪（特别是动物脂肪）的比例越来越大，蛋白质的比例也增长，国民的膳食结构逐步转向发达社会的以高脂肪、高糖和高能量为特征的"三高"膳食。与此同时，茶叶不再作为国家换取外汇的主要经济作物，从上世纪80年代末至90年代初，茶叶产业进行了较大的结构调整，转为以国内市场为导向，名优绿茶开始发展。这个时期国民膳食结构中的营养指标基本达到世界卫生组织的推荐要求，国民生活开始由温饱型向小康型转化，饮茶的人群在逐步增加。

进入90年代中后期，乌龙茶特别是花香型乌龙茶投入市场，国民对乌龙茶有了新的认识，乌龙茶的需求量急剧增加，特别是年轻人群感受到了乌龙茶的魅力，国内形成了乌龙茶热。进入新世纪，我国进入全面建设小康社会阶段，此时普洱茶（黑茶类产品）异军突起，迅速引起了人们的关注。黑茶这种昔日边疆少数民族的特定茶类的保健功能，让人们在摄入"三高"食品，缺少体力活动，存在超重、肥胖、糖尿病和血脂异常等问题的时候，寻找到了一种天然有效的保健饮料，由此带动了整个黑茶产业的快速发展。近些年来，黑茶市场已走出边疆，向城镇和内地发展，这与国民膳食结构的变化及产生的健康问题不无相关。

三、茶叶化学与功效

（一）茶叶的品质化学

茶树鲜叶干物质含量约为鲜叶比重的22%~25%，所以约为4斤鲜叶制得一斤干茶，干物质中主要的有机化合物为茶多酚、蛋白质、糖类、生物碱、氨基酸。现分别对其组分物质的生物学功能活性进行介绍。

1. 多酚类物质

（1）黄烷醇类（Flavanol）和黄酮类（Flavanoids）化合物

茶多酚及其氧化产物（茶黄素、茶红素、茶褐素）是一类存在于茶树中的多元酚的总称，口感主要呈味特征表现

湖南农业大学施兆鹏教授和朱海燕老师审评茶叶

为涩，主要分为儿茶素、黄酮、黄酮醇类、花青素、花白素类、酚酸及缩酚酸等。除酚酸及缩酚酸外，均具有 2－苯基苯并吡喃。从量上来看，黑茶中大部分儿茶素的含量以及茶多酚总量均明显低于绿茶、乌龙茶和红茶，唯有 EC 含量存在高于红茶和绿茶的情况。

从黑茶中分离鉴定出的多酚类化合物主要有简单儿茶素、简单酚性化合物、黄酮类化合物以及黄酮类配糖体等，其中表儿茶素和没食子儿茶素是检出率最高的黄烷醇类化合物，杨梅素是检出率最高的黄酮类化合物，而诸如表没食子儿茶素没食子酸酯等酯型儿茶素的含量则极低。黑茶中能检测出杨梅素、槲皮

素和芦丁等黄酮类物质，但未发现甲基化儿茶素类化合物的存在。现代科技还从普洱茶中分离鉴定出两个新的 8－C 取代黄烷 －3－ 醇化合物，分别命名为普洱茶素 A 和普洱茶素 B。

（2）没食子酸

黑茶加工过程中，在以酯型儿茶素为主的多酚类成分氧化衍生成茶色素的同时，会伴随着没食子酸的大量生成，使得黑茶中的没食子酸含量普遍高于其他茶类。有研究发现，老茶树和台地茶的晒青毛茶制成普洱茶后，其没食子酸的含量均显著增加，其中老茶树晒青毛茶制作的普洱茶没食子酸含量增加达 10 倍左右。湖南农业大学分析了茯砖、花砖、青砖、黑砖、六堡茶、普洱茶、沱茶的没食子酸含量，发现这些黑茶的没食子酸含量均较高。

（3）茶色素

茶色素是指以儿茶素为主的多酚类化合物在茶叶加工过程中经氧化聚合而生成的水溶性色素混合物，主要包括茶黄素、茶红素和茶褐素。在黑茶渥堆和干燥过程中，多酚类有色氧化产物的转化与积累最快，其总的趋势是茶黄素和茶红素显著下降，茶褐素大量积累。黑茶加工过程中因为强烈的微生物胞外酶促作用和湿热作用使得黑茶中极少检出茶黄素和茶红素，而生成较多量的茶褐素。茶褐素是黑茶的特征成分，因其来源于多酚类物质、茶黄素和茶红素等的进一步氧化聚合，现有研究认为，茶

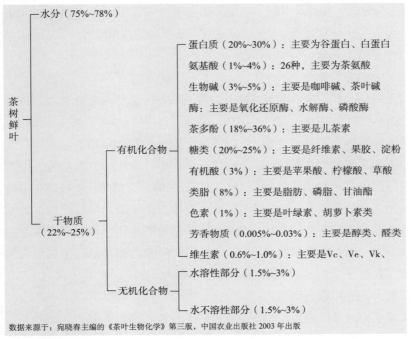

茶叶的品质化学图

数据来源于：宛晓春主编的《茶叶生物化学》第三版，中国农业出版社 2003 年出版

水分（75%~78%）

茶树鲜叶

干物质（22%~25%）

有机化合物

蛋白质（20%~30%）：主要为谷蛋白、白蛋白

氨基酸（1%~4%）：26种，主要为茶氨酸

生物碱（3%~5%）：主要是咖啡碱、茶叶碱

酶：主要是氧化还原酶、水解酶、磷酸酶

茶多酚（18%~36%）：主要是儿茶素

糖类（20%~25%）：主要是纤维素、果胶、淀粉

有机酸（3%）：主要是苹果酸、柠檬酸、草酸

类脂（8%）：主要是脂肪、磷脂、甘油酯

色素（1%）：主要是叶绿素、胡萝卜素类

芳香物质（0.005%~0.03%）：主要是醇类、醛类

维生素（0.6%~1.0%）：主要是Vc、Ve、Vk、

无机化合物

水溶性部分（1.5%~3%）

水不溶性部分（1.5%~3%）

没食子酰基团：X

茶叶中的活性物质儿茶素结构图

$R_1=R_2=H$　　　　表儿茶素（Catechn 简称 EC）
$R_1=H$　$R_2=OH$　表没食子儿茶素（Callocatechin 简称 EGC）
$R_1=X$　$R_2=H$　　表儿茶素没食子酸酯（Catechingallate 简称 ECG）
$R_1=X$　$R_2=OH$　没食子儿茶素没食子酸酯（Gallocatechingallate 简称 EGCG）

褐素为含有多苯环的苯多酚类高聚物，结合蛋白质残基、多糖、甲基和酸类物质（包括羧酸基以及酚羟基），而咖啡碱和儿茶素的含量较低。

2. 茶多糖

茶多糖是从茶叶中提取的活性多糖的总称，既有酸性多糖又有中性多糖，其含量随着鲜叶成熟度的增加而增加，大多是与蛋白质紧密结合的糖蛋白复合物，其分子量巨大，约为水分子的 2000 倍至 6000 倍。黑茶中的茶多糖主要有两个来源，一是茶叶本身所固有的及加工过程中转化的；二是由微生物代谢所生成的，如酵母菌的细胞壁含有甘露聚糖、葡聚糖成分等。现代科技研究发现，普洱茶鲜叶原料中的多糖组分含有较高的糖醛酸，而成品茶中的多糖组分则含有较高的中性糖和蛋白质。科研工作者从普洱茶中分离出两种较纯的多糖，其一为淡黄色粉状的中性糖蛋白，其二为酸性糖蛋白，且二者的水解物均含有鼠李糖、葡萄糖和蔗糖，通过对其功能活性的初步评价，认为二者是普洱茶中的主要活性成分。有研究对不同茶类的茶多糖含量测定结果表明，黑茶的茶多糖含量最高，且活性比其他茶类都强。在渥堆过程中可能由于糖苷酶、蛋白酶等水解酶的作用，形成了相对长度较短的糖链和肽链，而短肽链比长肽链更易被吸收，且生物活性更强，这可能是黑茶茶多糖活性优于其他茶类的原因。

3. 主要含氮物质

茶叶中的主要含氮化合物为氨基酸、咖啡碱等，既是主要呈味成分，也是渥堆中微生物的氮源，在黑茶品质形成过程中，这些物质发生着规律性的变化，从而形成黑茶特有的品质风味。

茶叶中主要的含氮物质在黑毛茶初制中由于微生物的作用发生了复杂的变化。氨基酸总量减少，茶氨酸、谷氨酸和天门冬氨酸的含量也急剧下降，而人体必需的氨基酸如赖氨酸、苯丙氨酸、亮氨酸、异亮氨酸、蛋氨酸等明显增高。虽然黑毛茶加工过程中氨基酸总量下降，但人体必需

氨基酸呈增加规律。因此，黑毛茶的加工工序提高了黑茶的营养价值。

4. 香气成分

黑毛茶香气主要由萜烯类、芳香醇类、醛类、酮类、酚类、酸类、酯类、碳氢化合物、杂环化合物等组成。现代科技研究表明，苯甲醇、苯乙醇、橙花醇、α-萜品醇、芳樟醇、香叶醇等萜烯醇类化合物产生于单萜烯醇配糖体的水解，而单萜烯醇类化合物均具有一定的花香，因此反映在感官品质上表现为黑毛茶香气醇和。

（二）现代医学的证实

1. 减肥降脂

肥胖是体内脂肪，尤其是甘油三酯积聚过多而导致的一种状态。由于食物摄入过多或机体代谢的改变而导致体内脂肪积聚过多造成体重过度增长并引起人体病理、生理改变或潜伏。评定标准：肥胖度=（实际体重－标准体重）÷标准体重×100%。中国军事医学科学院在大面积调查的基础上，制定了符合中国人实际的标准体重的计算公式：南方人标准体重（kg）=（身高（厘米）−150）×0.6+48；北方人标准体重（kg）=（身高（厘米）−150）×0.6+50，南北方的划分是以长江为界。通过该方法的计算便可得出自己的肥胖度。例如湖南的赵先生现身高170厘米，体重80公斤，则可算出其标准体重

应为 60kg，其肥胖度为 33.3%。

国际上通常用世界卫生组织（WHO）制定的体重指数界限值，理想体重（BMI）：妇女 BMI=22，男子 BMI=24。我国通过对 21 个省市区人群体重指数（BMI）、腰围、血压、血糖、血脂等 24 万人的相关数据进行汇总分析，提出了中国人的 BMI 标准，BMI 值 "24" 为中国成人超重的界限，BMI "28" 为肥胖的界限；男性腰围 ≥ 85 厘米，女性腰围 ≥ 80 厘米为腹部脂肪蓄积的界限。BMI= 体重（kg）/（身高（米）^{2}），如湖南的陈先生身高 1.72 米，体重 65 公斤，则其 BMI 指数 =65÷（1.72×1.72）=21.97，属于健康体重的范围。

WHO 的体重指数表

轻体重 BMI	健康体重 BMI	超重 BMI	肥胖	极度超重
BMI<18.5	18.5 ≤ BMI<24.9	25 ≤ BMI<29.9	30 ≤ BMI<39.9	BMI>40

肥胖症一般可以分为单纯性肥胖和继发性肥胖（病理性肥胖）两种。单纯性肥胖又分为两种，即体质性肥胖和获得性肥胖。体质性肥胖是先天性的，由于体内物质代谢较慢，物质的合成速度大于分解的速度，表现为脂肪细胞大而多，遍布全身；获得性肥胖是由于饮食过量引起的，食物中甜食、油腻食物多，脂肪多分布于躯干。继发性肥胖是由于内分泌器的病变而代谢异常或药物副作用引起的，如胰岛素分泌过多或由药物引起等，这类肥胖在根除病患之后，肥胖会自然消失。临床上所见的肥胖以单纯性肥胖为主，约占 95% 以上。高血脂症则是指血脂水平过高，可直接引起一些严重危害人体健康的疾病，如动脉粥样硬化、冠心病、胰腺炎等。高脂血症可分为原发性和继发性两类。原发性与先天性和遗传有关；继发性则多发生于代谢性紊乱疾病（糖尿病、高血压、黏液性水肿、甲状腺功能低下、肥胖、肝肾疾病、肾上腺皮质功能亢进等），或与其他因素，如年龄、性别、季节、饮酒、吸烟、饮食、体力活动、精神紧张、情绪活动等有关。当人体摄入脂肪导致体内脂肪合成速率高于体内代谢消化脂肪速率时便会导致肥胖和高脂血症的出现。

黑茶去肥腻的功效几千年来就被人们所利用，我国西北游牧民族的食物结构是牛、羊肉和奶酪，非茶不解，故而 "宁可三日无食，不可一日无茶"。黑茶的这一功效运用到当今社会是极为有意义的，如今富贵病已然成为常态，马路上大腹便便的人举目皆是，肥胖成了当今社会上的流行病，黑茶 "减肥降脂" 的功效适得其时。我国边疆少数民族同胞长期食用高脂食物，黑茶作为他们的日常生活必需品，其活性功能由此备受关注。研究者通过动物实验、临床实验、细胞水平实验、高通量筛选及分子水平实验验证了黑茶具有调节脂质代谢的作用，同时通过动物实验和细胞水平实验发现黑茶的降脂效果优于其他茶类。

湖南农业大学对黑茶的单体组分进行高通量的药物筛选，发现黑茶有效组分能明显地对肥胖模型起到减肥降脂的效果。有实验证明经分离纯化得到的黑茶组分可明显降低脂肪酸合成酶基因的表达，同时抑制乙酰辅酶 A 羧化酶的活性，从基因水平阐述了黑茶组分降低体内脂肪酸合成的机理。该研究认为，黑茶组分降低脂肪酸合成酶基因表达的作用途径有两条，一是通过 LKB1 途径提高了腺苷活化蛋白激酶的磷酸化水平，二是在细胞信号传导过程中抑制了相关信号通路。黑茶有效组分可激活法尼酯衍生物 X 受体模型促进极低密度脂蛋白和乳糜微粒中的甘油三酯水解，从而降低极低密度脂蛋白和低密度脂蛋白的水平，增加高密度脂蛋白的合成，减少血浆中甘油三酯的水平，故而可减少与代谢综合征相关的心血管疾病的发生。同时，我国科研工作者从黑茶中分离出的特异性多酚类组分 PEF8 发现具有比 EGCG 更强的活性，该组分可以通过改变细胞内活性氧的含量，诱导肿瘤坏死因子和核转录因子的表达增加，降低磷酸化氨基末端蛋白激酶的表达，从而引起汇合前的前脂肪细胞的活力降低，抑制前脂肪细胞的增殖，诱导前脂肪细胞的凋亡。

2. 调节肠胃

健康人的胃肠道内寄居着种类繁多的微生物，这些微生物称为肠道菌群。肠道菌群按一定的比例组合，各菌间互相制约，互相依存，在质和量上形成一种生态平衡，一旦机体内外环境发生变化，特别是长期应用广谱抗生素，敏感肠菌被抑制，未被抑制的细菌而乘机繁殖，从而引起菌群失调，其正常生理组合被破坏，而产生病理性组合、引起临床症状就称为肠道菌群失调症。

人体胃肠道菌群是经过长期历史进化在宿主内形成的定植微生物群落，它们对人体是有益的和必需的，在正常状态下是无害的。在胃肠道中生活的细菌大约有 10^{14} 个，由 300～500 种微生物组成，相当于人体细胞的 10 倍，由厌氧菌、兼性厌氧菌、好氧菌组成。这些肠道菌群按一定的比例组合，互相制约，互相依存，在质和量上形成一种生态平衡，对人体的健康起着重要作用。根据这些细菌对人体的作用，可将它们分为三类：致病菌、兼性菌和有益菌。致病菌能产生毒素，是导致腹泻、便秘和肠道炎症的主要因素，如变形杆菌、葡萄球菌、梭状芽孢杆菌等；兼性菌既能产生毒素，又能抑制外来有害菌的生长，刺激免疫器官产生如肠球菌、链球菌和拟杆菌等；有益菌可抑制外来有害菌的生长，调节免疫功能，促进消化、营养吸收和某些维生素的合成。

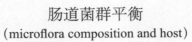

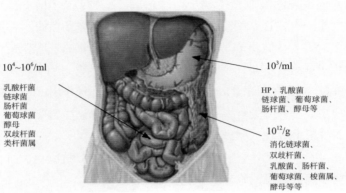

肠道菌群平衡
(microflora composition and host)

$10^4{\sim}10^6$/ml

乳酸杆菌
链球菌
肠杆菌
葡萄球菌
酵母
双歧杆菌
类杆菌属

10^3/ml

HP，乳酸菌
链球菌、葡萄球菌、
肠杆菌、酵母等

10^{12}/g

消化链球菌、
双歧杆菌、
乳酸杆菌、肠杆菌、
葡萄球菌、梭菌属、
酵母等等

肠道菌群示意图

常饮黑茶可调节和改善机体肠道菌群，修复肠道功能。湖南和广东等地老百姓就有用老黑茶来养肠胃的习俗。黑茶改善肠道菌群的具体机理还有待科研工作的进一步揭示。

3. 抗氧化及清除自由基

需氧生物体都需要从大气中摄入氧气来维持新陈代谢，氧气进入体内之后对身体内的营养物质进行氧化分解释放能量的过程中以短暂的超氧离子和自由基的形式起作用，虽然超氧离子和自由基的存在时间非常短暂，但由于存在的基数较大，而且随时随地都存在超氧离子和自由基，这类物质会对细胞的脂质产生氧化作用，影响细胞膜的流动性，从而影响整个细胞的功能，促进衰老，如此，超氧离子和自由基可以比喻为人体细胞的破坏分子。虽然超氧离子和自由基在人体代谢过程中不可或缺，但整体来说人体内超氧离子及自由基是过量的。快速稳定的消除过量自由基是现代保健食品的一个主要目的。黑茶有效组分能清除人体多余自由基。其原理为多元酚性羟基较易氧化而提供质子，具有酚类抗氧化剂的通性，可作用于产生自由基的相关酶类，络合金属离子，间接清除自由基，从而起到预防和断链双重作用，从一定程度上达到延缓衰老的目的。

4. 预防糖尿病

人们常说的高血糖症就是糖尿病。糖尿病是一种慢性、终生性疾病，是一种严重危害人体健康的常见病。由于胰岛素相对或绝对不足，使体内碳水化合物、脂肪、蛋白质等营养素代谢异常。此病可引起多种并发症，严重时可以引起全身性疾病，使人致残、致盲，甚至致死。

糖尿病最常见的临床症状为"三多一少"，即多饮、多食、多尿和体重减轻。不同类型的糖尿病出现这些症状的时间和顺序可能不同。因为"三多一少"仅是糖尿病典型和较晚期的表现，若以此来诊断糖尿病，不但无助于其早期诊断，而且不利于其慢性并发症的早期防治。"三多一少"是在血糖升高到较高水平，超过肾排糖阈值，出现尿糖时，由于利尿导致多尿，进而因失水导致多饮，又由于糖分从尿液中排出，致使细胞内能量流失而引起饥饿感，表现多食，这种糖代谢障碍使体内蛋白质和脂肪分解增加，最终出现消瘦症状。

在中国和日本的民间，常有用粗老茶治疗糖尿病的实践。经相关研究表明，茶叶中降血糖的有效成分是水溶性的复合多糖，称为茶多糖。而茶树体内茶多糖的存在状况与其成熟度存在正相关。因此，选料较粗老的原料制成的黑茶较细嫩原料制成的茶叶更具有调节血糖的作用，特别是对于糖尿病的治疗方面。因此，常饮黑茶对糖尿病患者具有重大的意义。研究表明，茶叶降血糖的有效成分报道的主要有三种：茶多糖、茶多酚、二苯胺等，其中主要是茶多糖。茶多糖的口感为甜纯，存放多年的老黑茶茶品越泡越甜，可能与茶多糖含量有关。科学研究认为茶多糖的降血糖作用可能与其保护和刺激胰岛细胞的分泌活动有关。

5. 抗凝血、抗血栓及预防动脉粥样硬化

血栓的形成主要包括三个阶段：（1）血小板粘附和聚结；（2）血液凝固；（3）纤维蛋白形成。研究表明，茶多糖能明显抑制血小板的黏附作用，降低血液黏度，后者也直接影响血栓形成的第一阶段。茶多糖在体内、体外均有显著的抗凝血作用，并能减少血小板数，血小板的减少将延长血凝时间，从而也影响到血栓的形成。另外，科学研究表明茶多糖能提高纤维蛋白溶解酶的活力，茶多糖可能作用于血栓形成的所有环节。同时，茶多糖还可升高高密度脂蛋白胆固醇含量，降低血清中低密度脂蛋白胆固醇。低密度脂蛋白胆固醇能使胆固醇进入血管引起动脉粥样硬化，而高密度脂蛋白胆固醇被认为是对机体有益的。常饮黑茶能增强胆固醇通过肝脏的排泄，促进动脉壁脂蛋白酯酶入血而起到抗动脉粥样硬化的作用。同时，科研工作者还发现黑茶茶褐素能促进体内脂质，特别是甘油三酯的降解，起到降血脂效果。

中国人民解放军总医院就于 20 世纪 90 年代对某干休所 155 名老干部中的 55 名高血脂患者连续服用黑茶 180 天（每日 3 克）的情况进行了观察，其中 50 例饮用黑茶的，血脂含量明显下降。由此可证明，黑茶降低了 LPO 活性，即可减少冠心病的发病率，延缓衰老。常饮黑茶能降低人体血液中有害胆固醇的含量，增加有益胆固醇的含量，还可降低血液的黏度、抗血小板凝集。在荷兰进行的流行病学调查结果显示，经常饮茶的人群患冠心病的危险性可降低 45%。茶叶中的多酚类化合物对降低血液黏度的效果甚至优于阿司匹林。因此，常饮黑茶可预防心血管疾病的发生。

6. 增强免疫功能

2016 年，第九届国际癌症大会在上海召开，该次大会有关专家介绍了癌症的相关研究成果，其中有一条研究成果表明，检查出来罹患癌症的患者最紧急需要着手做的工作就是提高自身免疫力。从茶学领域的研究表明，黑茶中的茶多糖分离后，对其进行体液和细胞免疫的药效实验，结果显示，均有明显的增强双相免疫的作用，同时有降低血糖、血清胆固醇及甘油三酯的趋势，这对于老年退化性疾病，如糖尿病、心血管疾病的防治具有重要的意义，同时针对老年人机体抵抗力的下降，也可使其免疫力有所提高。大量药理和临床研究发现，黑茶多糖可激活机体内的巨噬细胞、T淋巴细胞、B淋巴细胞、补体和网状内皮系统，同时促进各种细胞因子（干扰素、白细胞介素、肿瘤坏死因子）的生成，从而达到提高机体免疫力的作用。

7. 其他功效

痢疾是慢性肠炎的一种，主要为慢性细菌性痢疾。治痢是黑茶尤其是老黑茶的一大功效。1989 年，湖南省茶叶进出口总公司一位长期患有慢性肠炎的老领导到白沙溪检查工作，其间肠炎发作，痛苦不堪，几近虚脱。当地人赶紧用一剂 50 年代的千两茶熬煮让他服下，约莫 2 个小时过后，肠胃顿觉温暖，次日便恢复精神，指挥工作。不由让人惊叹此茶之神妙。

痛风是由单钠尿酸盐沉积所致的晶体相关性关节病，与嘌呤代谢紊乱和（或）尿酸排泄减少所致的高尿酸血症直接相关，特指急性特征性关节炎和慢性痛风石疾病，主要包括急性发作性关节炎、痛风石形成、痛风石性慢性关节炎、尿酸盐肾病和尿酸性尿路结石，重者可出现关节残疾和肾功能不全。笔者从消费者反馈的信息发现，常饮黑茶对预防痛风的发作很有益处，具体的作用机理还有待科技工作者的进一步研究。

常饮黑茶除了上述提出的几点功效之外，茶叶所具有的防癌、抗癌、防辐射、抗突变、抗病毒等功效黑茶均具有，其他的功效有待于科研工作者的进一步研究，为百姓健康添福。

朱旗与外国友人交流茶文化

朱旗、蔡正安、肖鸿 2012 年广州论茶

第八篇
藏选：黑茶的储藏与生产年份

  在六大茶类中，黑茶在适当条件下可以长期存放，这是其原料采摘要求和加工工艺所决定的。经岁月积淀，展现陈化魅力。不同年代，不同厂家的产品只能将历史印烙在产品包装上，而岁月年华却能沉淀在产品内质中。待岁月静好，约三五好友，撬开一款老茶，诱人的陈香、琥珀的汤色、醇和的口感一定让人回归自然、体味人生，把茶话年华！

一、茶叶存储要求

茶叶从加工成成品到消费者品饮的过程，中间间隔时间较长，虽然茶叶在制作过程中进行了水分的足干，从一定程度上延长了茶叶的保质期，但是许多环境条件都能影响到茶叶品质。就黑茶而论，适宜的环境条件可对黑茶提质增效，而不适宜的环境条件不仅不能提高黑茶品质，反而会使黑茶品质劣变。现就影响茶叶储存的影响因素进行分述。

（一）影响因素

1. 湿度

茶叶具有多孔径的特性，由于范德华力的存在，使得茶叶具有极易吸收空气湿度的特性而使得茶叶在高湿条件下吸湿回潮，当茶叶含水量超过微生物最低水活度要求时，微生物活动便会加剧，当空气湿度达到一定程度时便会导致茶叶生霉劣变。与此同时，任何化学物质的转化都难以离开水分的参与，当茶叶的含水量极低时，黑茶存储过程难以进行品质转化，因此较低或较高的空气湿度都不利于黑茶的仓储转化。

2. 异味

同样由于茶叶具有多孔径的特性，茶叶极易吸收空气中的异味分子而导致茶叶具有不同于茶叶本身的风味。如茉莉花茶的制作便是利用此特性使茶叶富含茉莉花香，这是好的一方面。而坏的一方面则有可能吸附仓储环境中不好的气味，如油漆味、化妆品味、生活中其他不好的气味等等。因此，茶叶存储一定要防范异味给茶叶品质带来的不利影响。

3. 光照

避光保存是存茶的基本要求。光属于能量，茶叶在光线的照射下，会使叶绿素分解褪色，还能使茶叶中的某些物质发生光化反应，产生异味，比如日光下曝晒会产生日晒味，难以饮用，茶客流行将这种茶戏称为"见光饼"。

（二）黑茶存储

由于茶叶具有吸湿吸异味的特性，因此不建议日常饮用黑茶的居民大量囤积黑茶产品。如若日常家庭确实存有一定量黑茶产品时，无论是期望通过囤积达到增收的目的，还是达到提升品质风味的目的，都需要严格把握仓储环境，具体要求如下：

存茶场所的选择 有条件者自备具有食品存储资质的仓库进行存储，如果家庭自存，需选择一个干净无异味的场所，用食品包装级的纸箱密封保存。

茶箱的码堆要求 茶箱与地面要通过木质栅栏状仓库底板进行隔开，茶箱与墙壁也要间隔一定的距离，防止水汽在茶箱底部凝结而导致茶叶吸湿回潮，从而霉变。

日常仓储维护 严格维护仓储环境的空气温度和湿度，建议室内温度控制在室温条件25℃左右，湿度控制在60%RH左右。过高或过低都不太利于茶叶品质的转化。经常保持室内空气的流通，但要防止异味流入给茶叶带来不利的影响。茶叶切忌阳光直射，否则会因为紫外线照射改变茶叶内含成分，从而产生不利的品质转化，俗称"见光饼"。

二、黑茶的选购

（一）湖南黑茶的商标和包装演变

1. 湖南白沙溪茶厂

湖南省白沙溪茶厂自1950年以来前后共使用过五角星商标和中茶商标。自2000年起使用白沙溪牌商标，每一片茶砖均有商标纸包装，变化以黑茶砖茶为多。

1966年以前黑茶砖包装采用五角星商标，为五角星图案，版面全印黑色，上方两行印有"安化黑茶砖"五字，下方分两行印有俄文厂名，文字按从右至左排列。

1967年黑茶砖之五角星商标改印红色，上方五字未变，下方厂名改印为"湖南省白沙溪茶厂压制"十字，均按从左至右排列。

1970年"黑茶砖"更名为"黑砖茶"，其商标也改为"中茶"，即由八个红色的"中"字围一个绿色的"茶"字的圆形图案，2000年改"白沙溪"牌。

白沙溪茶厂总经理刘新安先生在韩国青巖寺品尝该厂 20 世纪 80 年代生产的千两茶

花卷茶使用"中茶"商标，1958 年花卷茶改制成花砖茶后仍使用"中茶"商标，2000 年改"白沙溪"牌。

天尖茶、贡尖茶、生尖茶均采取篾制大包装，包装上一直使用"中茶"商标，2000 年改"白沙溪"牌。

2. 益阳茶厂

自 1939 年益阳茶厂前身安化第二茶厂压制出第一片黑砖茶，1953 年压制出第一片茯砖茶，1958 年益阳茶厂压制出第一片机制茯砖茶以来，在这近 60 年中，很多黑茶厂家生产断断续续甚至停产倒闭，所以老茶存世量最多的是益阳茶厂所生产的茯砖茶。下面就介绍益阳茶厂茯砖茶的包装版面改动，以让大家更容易地识别老茶。

1972 年以前，益阳茯砖用 80 克的牛皮纸或者两层纸（两层包装）。

1973 年，益阳茶厂创制"特制茯砖茶"，原料档次提高。

1979 年，塑料打包带取代龙须草绳。

1981 年至 1987 年，益阳茶厂生产普洱茶，经湖南省茶叶进出口分公司销往中国香港与新加坡、马来西亚。

1985 年，新疆维吾尔自治区成立三十周年，益阳茶厂为中央代表团专制"中央代表团赠"礼品茶，每片 500 克，共 2000 片。

1986 年开始，益阳茶厂砖片的两侧开始印刷有少数民族的文字。

1986 年 11 月，益阳茶厂与中国土畜产进出口总公司湖南省茶叶分公司签订"中茶牌"商标使用许可合同。为便于消费者识别，在茯砖商标纸的两侧，分别以蒙古、藏、维吾尔三种民族文字，印刷"中茶"牌商标，编号：13072 字样。

1988 年至 1990 年，益阳茶厂生产"百灵健美袋泡茯茶"。

1991 年，益阳茶厂开始加印条形码。

1991 年，益阳茶厂启用生产日期，日期标在正面的正下方。"生产日期" 4 个字用红色，具体日期用绿色。

1992 年，电话号码升为 6 位数。

1994 年，益阳茶厂注册"湘益牌"商标，注册证号为695066 号。1997 年，湖南省益阳茶厂茯砖系列产品开始正式使用"湘益牌"商标。1998 年所有产品全部使用"湘益牌"商标。

1996 年，电话号码升为 7 位数。

1997 年，纸箱包装取代麻袋包装。

1998 年 1 月，益阳茶厂全面使用"湘益"商标。

安化第二茶厂 1958 年茯砖

益阳茶厂 1959 年茯砖

益阳茶厂 1960 年茯砖

益阳茶厂 1961 年茯砖

益阳茶厂 1962 年茯砖

益阳茶厂 1963 年茯砖

益阳茶厂 1964 年茯砖

益阳茶厂 1965 年茯砖

益阳茶厂 1966 年茯砖

益阳茶厂 1967 年茯砖

益阳茶厂 1968 年茯砖

益阳茶厂 1969 年茯砖

益阳茶厂 1970 年茯砖

益阳茶厂 1971 年茯砖

益阳茶厂 1972 年茯砖

益阳茶厂 1973 年茯砖

益阳茶厂 1974 年茯砖

益阳茶厂 1975 年茯砖

益阳茶厂茯砖

益阳茶厂茯砖

益阳茶厂茯砖

益阳茶厂 1979 年茯砖

益阳茶厂 1980 年茯砖

益阳茶厂 1981 年茯砖

益阳茶厂 1982 年茯砖

益阳茶厂 1983 年茯砖

益阳茶厂 1984 年茯砖

益阳茶厂 1985 年茯砖

益阳茶厂 1986 年茯砖

益阳茶厂 1987 年茯砖

益阳茶厂 1988 年茯砖

益阳茶厂 1989 年茯砖

益阳茶厂 1990 年茯砖

益阳茶厂 1991 年茯砖

益阳茶厂 1992 年茯砖

益阳茶厂 1993 年茯砖

益阳茶厂 1994 年茯砖

益阳茶厂 1995 年茯砖

益阳茶厂 1996 年茯砖　　　益阳茶厂 1997 年茯砖　　　益阳茶厂 1999 年茯砖

益阳茶厂 2001 年茯砖　　　益阳茶厂 2004 年茯砖　　　1995 年加碘茯砖

1998 年 3 月，开发"湘益"高级茯茶上市。

2002 年，益阳茶厂创制"金湘益"特制礼品茯砖。

2005 年，益阳茶厂创制"一品茯砖"、"极品茯砖"。

2007 年、2008 年，益阳茶厂面向市场，开发各类礼品装产品十多种。产品连续获得两届"中国（北京）国际茶博会"金奖。

（二）不同年代产品的基本特征

湖南黑茶各系列产品在不同年代呈现出不同的外观和特色。

1. 包装

20 世纪 50 年代前后的产品，在包装用材方面极为讲究，如 1956 年生产的天尖、贡尖，其篾篓的四角转角处，均采用二青篾制成，二青篾韧性较好，其色泽也要比其他区域浅淡。大多 50 年代以前生产的砖茶系列产品，其外包装采用的皮纸由多层薄皮纸粘合而成，纸质结构牢固，不易破裂，纸面糊有桐油或茶油（用于防潮防水），纸面有一定的光洁度。不同年代的产品其包装形式也不同，如果是成箱成件的老产品，其砖的尺寸，每件所含的砖片数量和装箱方式都是有差别的。而且老产品包装上的文字多采用繁体字，且字迹不是很规范，所采用的语言文字也有文言文的痕迹，如"之、乎、者、也"等。

2. 茶砖

不同年代的产品重量规格和产品的外形规格都具有时代的特征，如前期的黑砖（五星砖）和花砖是采用宽版，宽度要比现在的黑砖要宽，厚度相对要薄。前期生产的黑砖、花砖，其砖片的紧压程度和光洁度都比现时的要紧，要光滑。这是由于当时采用的机械系螺旋手摇压机，压紧后无反弹现象。后来采用摩擦轮压机后，茶叶紧压后，有反弹松弛现象，砖面较为松泡。20 世纪四五十年代生产的黑砖茶，分为洒面和里茶，洒面茶不经切碎，其叶张贴附于砖面，使成砖砖面光洁度好，同时，底板用油均匀一致，一般无油渍成片块现象。不同存放时间、不同存放条件下的黑茶茶砖色泽存在较大差异。如存放在暴露于空气中的茶品色泽带褐红，而在密闭或未拆包装条件下存放的茶品则色泽褐偏红，且年代越久，其色泽越深。同时，年代不同其外包装上图案及文字也有差异，人们可以参照其外包装来确定其生产年代。

三、黑茶的收藏

在一定的年限范围内和适当的储存条件下，黑茶存放时间越长，其品质转化越到位。因此，黑茶的收藏不仅可以提质增效，而且具有投资价值，部分具有历史价值的孤品更是贵于黄金，部分外形独特的茶品置于厅堂亦具艺术观赏价值，体现主人的文化品位。目前，收藏黑茶已成为一些社会人士的一种潮流。如何选用和收藏黑茶是许多收藏爱好者关注的问题。目前收藏黑茶主要动机有自身品饮和投资，因目的不同选用黑茶的方式亦不同，但不论何种目的，消费者在购买黑茶时应理性选购，切忌被以次充好，以霉充陈香的茶叶产品所欺骗。

无论是收藏或自饮，笔者建议：首先要把握茶叶产品来源的可靠性，尽量从正规的茶叶品牌专卖店或厂家购买。2002年《国家经贸委、国家计委、国家民委、财政部、国家工商总局、国家质检总局、全国供销总社公布边销茶定点生产企业名单》（公告2002年第53号）公布了25家国家边销茶定点生产企业：内蒙古自治区：内蒙古包头市荣兴茶叶精制厂；浙江省：浙江省武义骆驼九龙砖茶有限公司，浙江省新昌江南砖茶厂；湖北省：湖北省咸宁市赵李桥茶厂，湖北省咸宁市富华茶叶有限公司；湖南省：湖南省益阳茶厂，湖南省临湘茶厂，湖南省白沙溪茶厂，湖南省益阳香炉山茶厂，湖南省湘永巨茶厂，湖南省临湘市茶业有限公司，湖南省益阳砖茶厂，湖南省安化县茶叶公司茶厂，湖南省安化茶厂；四川省：四川省雅安市茶厂，四川省宜宾外贸金叶茶业有限公司，四川省平武茶叶有限公司，四川省雅安市友谊茶叶有限公司，四川省天全县边茶有限公司，四川省邛崃笔山茶厂，四川省荣经茶厂，四川省名山县西藏朗塞茶厂，四川省洪雅松潘茶厂，四川省雅安茶厂有限公司；云南省：云南省下关茶厂沱茶（集团）股份有限公司。其次，购买茶叶时，要注意茶叶产品包装是否完整，产品包装标识完整清晰，执行标准有据可依。另外，从藏家手中选购时需要谨慎，要考虑是否为真品（老茶尤为谨慎）和仓储情况（要注意异味和霉变）。

（一）自己品饮

刚开始黑茶品饮时，由于不熟悉或对一些专业知识不了解，有时不免会上当受骗。为了尽快了解黑茶的品质风味，建议先从各大类黑茶知名厂家的大众产品进行尝试。如湖南黑茶可尝试白沙溪的天尖、千两饼和益阳茶厂的一品茯砖等。先通过品饮常规黑茶产品寻找口感特征，熟悉大众口味。再通过不同年份的比较，逐渐熟悉黑茶的品质和风格特征。在不断地品饮和体验中，提升自身的品饮技能和辨别能力。

目前市场上有少数不良黑茶经营者擅长于编故事、找噱头，普通消费者面对老茶要慎之又慎，遵循符合本人口感而又在自身消费能力承受范围之内的原则，理性看待市场上所谓的"千金易得，一茶难求"的茶品和拍卖茶品。多和茶友们聊聊黑茶的感悟，从不同的消费者口中感知不同黑茶的魅力，正所谓"见多识广"和"货比三家"。不妨根据年均消费量估算用茶量，当自藏茶品达到一定时间品质口感较优时，可购新茶收藏，开仓品老茶，正所谓"花新茶价钱，喝老茶品质"。

（二）投资增值

对于投资黑茶用于增值的人员，笔者建议：从投资的角度来讲，变现是第一要义，其次才是增值幅度。整体来说，黑茶变现较金融产品和股票市场来说要相对困难一些，所以我们在选择品类的时候就需要遵循大厂、大品类的原则。因为大厂大品类的产品市场接受人群多，受众广，知名度高，而且厂家每年对于老茶都会有一定涨幅的价格调整。优点是变现容易，缺点是市场价格透明，增值幅度欠缺。

从单纯的收藏角度而言，收藏首要考虑的是茶品的历史意义，只有富于历史意义的茶品，增值的空间才会大。选购具有特殊意义的茶品，如 20 世纪 40 年代生产的黑茶砖、50 年代的千两茶，天尖、贡尖、生尖茶，60 年代初期的花砖茶，1983 年白沙溪生产的千两茶，1991 年白沙溪生产的 9101 青砖茶等等，现在都已然成为孤品，自然价比天高，回报利润也非常可观，但是此类茶品通常要在很多年以后才显现出它的价值，时间跨度太长。优点是利润可观，缺点是时间太长。

总之，不论以何种目的进入黑茶市场，笔者建议一定把握原则，即"拽紧钱袋重品质，多喝少买不跟风，散片购入可自饮，整箱入库可变现"。换言之：理性消费。2016 年中央经济工作会议指出：房子是用来住的，不是用来炒的；同样黑茶是用来喝的，不是用来炒的。因此，正确地认识、宣传黑茶，通过饮用黑茶提高人们的健康水平，发挥其应有的功效，才能持续、健康地推动黑茶产业的发展。

泾渭茯茶有机茶园基地

第九篇
文化：茶事茶俗与茶诗茶赋

　　奔腾不息华夏文明，千载悠悠茶文化。地大物博的中华大地，孕育了色彩丰富的民俗茶文化，五彩缤纷的茶俗，丰富多彩的生活，闪烁在历史长河中，被人们延续和传播，成为人们生活中的一部分。法门寺地宫中珍藏的许多唐代茶具，比如茶碾、茶碗等等，不仅向世人展示了精美的茶具，更向世人表明中国悠久的茶文化，同时也证明了世界上的茶文化起源于中国。

一、茶文化概述

　　茶文化包含作为载体的茶和使用茶的人因茶而有的各种观念形态两个方面，它既有自然属性，又有社会属性。即，围绕茶及利用它的人所产生的一系列物质的、精神的、习俗的、心理的、行为的表现，均应属于茶文化的范畴。

　　饮茶是人类一种美好的物质享受和精神陶冶。随着社会的进步和物质生活水平的提高，饮茶文化已渗透到社会的各个领域和生活的各层面。在中国历史上，无论是富贵之家还是贫苦家庭都离不开茶。即便是祭祀天地拜祖宗，也得奉上"三茶六酒"，把茶提到与酒饭等同的位置。西藏特殊的自然环境使藏族同胞有"宁可三日无油盐、不可一日不喝茶"的感受。因此，在人类发展史上，无论是王公贵族、文人墨客，还是三教九流、庶民百姓，都以茶为上品，只是饮茶方式和品味要求不完全相同而已，对茶的推崇和需求却是一致的。汉代茶已开始进入王公贵族的生活，但仍属奢侈之品，民间一茶难求。到了唐代，随着茶叶生产在巴蜀的兴起和向长江中下游地区发展，茶成了社会经济、文化中的一个重要组成部分。饮茶遍及大江南北，塞外边疆。到了宋代民间饮茶之风大盛，宫廷内外到处"斗茶"，为此，朝廷重臣蔡襄写了《茶录》，宋徽宗赵佶也沉湎于茶事，写就《大观茶论》，洋洋洒洒数千字。皇帝为茶著书立说，这在中外茶文化发展上是绝无仅有的。到了明代，明太祖为严肃茶政，斩了贩运私茶的爱婿欧阳伦，并下诏废团茶兴散茶，有力地推动了制茶技术改革。而清代，康熙盛世推动茶叶大量出口，促进了我国茶叶外贸发展，而八旗子弟饱食终日，以在茶馆玩鸟来消磨时间。所有这些，道出了茶在皇室贵族中的重要位置。而历代文人墨客、社会名流，儒、释、道诸家弟子，更是以茶洁身自好。他们烹泉煮茗、吟诗作画，畅行"君子之交淡如水"，对推动茶文化的发展也起到了十分重要的作用。至于平民百姓，居家茶饭，一日三餐，不可或缺。因为茶是人民生活的必需品。"开门七件事，柴米油盐酱醋茶"，说的就是这个意思。

茶文化是一种范围广泛、雅俗共赏、受者众多的大众文化。茶文化的发展历史告诉我们：茶的最初发现，传说是"神农尝百草"始知茶有解毒和治病作用，但神农并无其人，据考证它只不过是中国南方农耕文明的一个代表而已。在殷周时代，茶成为贡品。秦汉时，茶的种植、贸易、饮用已逐渐扩展开来。魏晋南北朝时，出现了许多以茶为主题的文学作品。盛唐时，茶已成了"不问道俗，投钱取饮"之物。由于唐代物质生活的相对丰富，才使人们有条件以茶为载体，去追求更多的精神享受和营造美的生活。随着茶叶生产加工的发展，使茶的精神文化和风俗文化向着广度和深度发展，逐渐形成了一定的礼仪和民俗风情，成为国人精神生活的重要组成部分，并提升到很高的高度。如唐代释皎然首倡之"茶道"，后来东渡扶桑、高丽以至影响整个东方文化。由于广大茶人的灵感和笔墨，为人们留下了大量与茶相关的诗词歌赋等作品，广为流传。所以说，茶文化是一物牵动众心，具有广泛的群众性。

据史料记载，茶文化始于中国古代的巴蜀地区，在几千年发展过程中逐渐形成了以汉民族为主体的茶文化体系，并由此传播扩展。但中国是一个多民族的国家，每个民族都有自己特定的历史、文化、传统、生产和生活方式以及独特的民族心理个性、风俗习惯，从而表现出茶文化民族的多样性。

在我国 50 多个民族中，无论属于农耕文化或游牧文化的民族，几乎都有饮茶的习惯。并在长期的生活中，每个民族都形成自己多彩多姿的饮茶习俗：蒙古族和维吾尔族的奶茶和香茶、苗族和侗族的油茶、佤族的盐茶，主要追求的是以茶作食，茶食相融；土家族打油茶、纳西族的"龙虎斗"，主要追求的是强身健体，以茶养生。白族的三道茶、苗族的三宴茶，主要追求的是借茶喻世，寓意人生哲理；傣族的竹筒香茶、回族的罐罐茶，主要追求的是精神享受和饮茶情趣。中华各民族的茶俗虽然不同，但相同的是，凡有客人进门，主人敬茶是少不了的，不敬茶往往认为是不礼貌的表现。再从世界范围看，各国的茶艺、茶道、茶礼、茶俗多种多样，既有民族性，又有统一性，统一性就是以茶为礼，客来敬茶。所以说茶文化既是民族的，也是世界的。

俗话说"千里不同风，百里不同俗"。我国地域宽广，人口众多，由于受历史文化、地理环境、社会风情的影响，中华茶文化从开始就具有区域性的特征。以品饮艺术而言，烹茶方法就有煮茶、点茶和泡茶之分；饮茶方式也有品茗、

喝茶和吃茶之别；以用茶为目的而论，又有生理需要、传情联谊和追求生活品位之说；又如近代中国人普遍饮茶的方法是直接用开水冲泡茶叶，无需添加其他食材，称之为清饮；但在民族地区仍有许多保持在茶叶中加入各种作料的习俗如打油茶、三道茶、龙虎斗等；对茶叶品类的选择在一定区域内，也多相对一致，如南方人喜欢饮绿茶，北方人崇尚花茶，福建、广东、台湾流行乌龙茶，港澳地区推崇普洱茶，边疆兄弟民族爱喝砖茶等等。就世界范围而言，东方人崇尚清饮，欧美国家人们钟情加有奶和糖的红茶，西非和北非的人们最爱喝加有薄荷或柠檬的绿茶等。这些就是茶文化区域性的一种反映。

二、名人与茶的趣闻轶事及现代茶文化传承

1. 苏轼的茶联

苏东坡平素衣着不讲究。一日，他着普通长衫至一寺院。寺院的住持并未曾与其相识，仅道了一句："坐。"招呼侍者："茶。"东坡不曾理会，集中精力欣赏寺内的字画去了，住持和尚见此来客举止不凡，不由得肃然起敬忙又道："请坐！"并吩咐侍者："敬茶！"那住

持和尚请教客人的姓名，方知客人竟是大名鼎鼎的苏东坡时，满脸堆起笑容，恭请客人："请上坐！"连呼侍者："敬香茶。"当和尚请他写一对联时，东坡触景生情赐一墨宝："坐，请坐，请上坐；茶，敬茶，敬香茶。"此联将势利之人的姿态刻画得淋漓尽致。

2. 宋徽宗赵佶与茶

宋徽宗赵佶算不上一位称职的皇帝，但他工于书画，通晓百艺，尤其对茶叶的品鉴颇有感悟，以其九五之尊著《大观茶论》而为后人道。《大观茶论》记述了茶学的各个方面，从茶叶的栽培、采制、烹煮、鉴品，从烹茶的水、具、火到品茶的色、香、味，从煮茶之法到藏焙之要，从饮茶之妙到事茶之绝，均有记述。御笔作茶书，古今中外仅一人。皇帝倡导茶学，大力提倡人们饮茶，这对当时"茶盛于宋"具有颇大的影响。

3. 明太祖朱元璋与茶

明朝开国皇帝朱元璋嗜好茶叶源于罗山县灵山寺的灵山茶治好了他的刀伤。一次，他前往灵山寺视察，对寺院敬献的灵山茶赞不绝口，龙心大悦，将泡茶的厨师连升三级官衔。随从嘟哝着发牢骚："十年寒窗苦，何如一盏茶。"朱元璋爽朗大笑："我给你续下句：'他才不如你，你命不如他。'"一时传为佳话。朱元璋的另一大贡献是"罢团茶，兴散茶"。《万历野获编》记载：明代初年，

各地进贡茶叶，其中建宁、阳羡进贡的茶叶为上品，当时沿袭宋代的做法，所有进贡的茶叶都要碾碎之后，揉制成大小不同的团状，即所谓龙团。朱元璋认为这种做法是浪费百姓的劳力，洪武二十四年（1391年）九月，便下令停止龙团制作，直接进献芽茶。芽茶分为四等，依次为：采春、先春、次春、紫笋。由此看来，洪武二十四年是中国饮茶史的一个转折点，意义重大。

4. 乾隆皇帝与茶

清帝乾隆一生嗜茶。传说乾隆皇帝下江南时，来到杭州龙井狮峰山下看乡女采茶，也跟着采茶，以示体察民情。忽然，太监来报："太后有病，请皇上急速回京。"乾隆皇帝着急地随手将一把刚采好的鲜叶向袋内一放，日夜兼程赶回京城。太后见儿子回京请安，只觉一股清香传来，便问是何物。皇帝也觉奇怪，他随手一摸，是风干的狮峰茶叶，浓郁的茶香散发出来。太后随即尝了尝该茶水，只觉清香扑鼻，太后饮完，身体不适感消除了。太后高兴地说："杭州龙井的茶叶，真是灵丹妙药。"乾隆皇帝见太后这么高兴，立即传令下去，将杭州龙井狮峰山下胡公庙前那十八棵茶树封为御茶，每年采摘新茶，专门进贡太后。

5. 毛主席吃茶趣闻

毛主席嗜好茶叶，尤精于品茶，终身不离茶水，曾写有"饮茶粤海未能忘"

的咏茶名句。在毛泽东身边工作过的同志回忆说：毛主席每天睡觉醒来，洗脸后就开始饮茶，一边喝一边看报，接待国内外客人总是吩咐警卫员沏茶相待。他喜欢喝杭州龙井茶，饮茶习惯很特别，不仅饮茶水，还将杯中茶渣放进嘴里咀嚼吃下去，总是吃得津津有味。基于对茶叶的热爱和茶叶能给百姓带来良好的经济效益的出发点，主席号召"山坡上要多多开辟茶园"。

6. 周总理与龙井茶

周总理总是沏龙井茶招待国内外宾客，一杯清茶在手，谈笑风生。他很关心杭州梅家坞的龙井茶生产，1965年起曾先后五次到梅家坞视察，鼓励发展生产。有趣的是，有一次周总理陪外宾到梅家坞，品尝龙井珍品"明前茶"，当他知道炒1斤"特级龙井"，茶农要采4万多个嫩芽时，不忍将茶渣倒掉，便风趣地说："龙井味道好，要把它全部消灭掉。"说罢，便将杯中茶叶全部咀嚼光，留下"啜英咀华"佳话。

7. 朱德元帅是位饮茶迷

朱德元帅极嗜饮茶，居家办公必饮茶，凡外出视察遇茶园必去参观。1959年，他在庐山植物园品尝庐山云雾茶时，赞赏不已，即兴赋诗一首："庐山云雾茶，味浓性泼辣。若得长年饮，延年益寿法。"1961年，朱德元帅到杭州西湖龙井茶园视察时，看到百姓发家致富很是高兴，即兴赋诗一首："狮峰龙井产名茶，生产小队一百家。开辟斜坡一百亩，年年收入有增加。"

8. 鲁迅妙论茶

鲁迅爱茶，经常一边构思写作，一边悠然品茗。他当年客居广州，称赞道："广州的茶清香可口，一杯在手，可以和朋友作半日谈。"因此，当年的广州陶陶居、陆园、北园等茶居，都留下他的足迹。他对品茶有独到见解："有好茶喝，会喝好茶，是一种清福。"

9. 老舍品茗著《茶馆》

文学家老舍是位饮茶迷，深识茶文化精髓。他曾多次说过："喝茶本身是一门艺术。本来中国人是喝茶的祖先，可现在在喝茶艺术方面，日本人却走在我们前面了。"可见老舍先生对于中国茶文化的不被重视感到惋惜。为促进我国茶文化发展，他终日与茶为伴，文思如泉，创作《茶馆》，通过描写旧北京大裕茶馆的兴衰际遇，反映从戊戌变法到抗战胜利后50多年的社会变迁，成就以饮茶为背景的文学名作。

10. 郭沫若咏茶

郭沫若自青年时代就开始饮茶，而且是品茶行家，对中国各地名茶的色、香、味、形及历史典故都相当熟悉。1964年，他到湖南长沙品饮高桥茶叶试验站新创制的名茶高桥银峰时，大为赞赏，对高桥银峰的色、香、味、功效给予高度评价，并赋诗一首："芙蓉国里产新茶，九嶷香风阜万家。肯让湖州夸紫笋，愿同双井斗红纱。脑如冰雪心如火，舌不怠来眼不花。协力免教天下醉，三间无用独醒嗟。"由于爱茶，郭沫若每到外地，总把品茶看作是生活一大乐趣，写下不少与茶有关的诗句。

11. 茶学专家祭祀神农氏炎帝

2010 年全国茶学学科组会议在陕西省杨凌国家农业开发区举行，会议结束后，全国茶学专家一行来到位于陕西省宝鸡市的炎帝陵举行了祭祀活动。祭祀活动中，时任安徽农业大学党组书记校长宛晓春做了发言，并由我国著名的茶学专家施兆鹏教授、刘勤晋教授及杨贤强教授敬献香蜡，活动表达了我国茶学专家们对先祖神农氏的缅怀以及不遗余力传承茶文化的决心。

2010年全国茶学学科组会议相关专家祭祀神农氏炎帝

三、茶礼茶俗

　　由于茶贴近老百姓的生活，于是在长期的社会生活中逐渐形成以茶为主题或以茶为媒介的风俗、习惯、礼仪，即茶俗。茶俗是关于茶的历史文化传承，茶俗是人们在农耕劳动、生产生活、文化活动、休闲交往的礼俗中所创造、享用和传承的生活文化。我国幅员辽阔，人口众多，饮茶习俗也千姿百态，各呈风采。

　　擂茶　湖南益阳、常德市农村地区流行着一种"喝擂茶"的习俗。擂茶是农家招待客人必备的饮料，原料一般有茶叶、生姜、芝麻、花生、盐巴、炒米等。利用山茶骨干枝做成的圆形棒状物体（俗称"擂棒"）将原料按照固定的顺序在具有棱纹的陶钵（俗称"擂钵"）中研磨成粉，研磨的速度和颗粒的大小均匀度是衡量擂茶制作师技术水平高低的标准。研磨顺序依次为生姜、茶叶、花生、芝麻，最后用米汤冲成匀质茶汤，最后用勺子将擂茶分装至客人茶碗中，在给客人奉茶之前还需将新鲜炒米放入茶碗中，以提升擂茶的香气。敬茶时，擂茶碗内溢出的阵阵酥香、甘香、茶香扑鼻而来，沁人心脾，是待客的佳品。

白族三道茶　偏居西南一隅的南诏大理古国，是一方崇尚佛教的乐土，寺庙众多，饮茶之风盛行，茶成为寺庙中日常饮用、佛事供奉、招待香客和游人的必备饮品。沧海桑田，星移斗转，茶饮在大理逐步发展完善，并以一种崭新的方式呈现，即白族三道茶。三道茶第一道为"苦茶"。制作时，先将水烧开，由司茶者将一只小砂罐置于文火上烘烤。待罐烤热后，即取适量茶叶放入罐内，并不停地转动砂罐，使茶叶受热均匀，待罐内茶叶转黄，茶香扑鼻，即注入已经烧沸的开水。少顷，主人将沸腾的茶水倾入茶盅，双手举盅献给客人。因此茶经烘烤、煮沸而成，看上去色如琥珀，闻起来焦香扑鼻，喝下去滋味苦涩，通常只有半杯，客人一饮而尽。第二道茶为"甜茶"。当客人喝完第一道茶后，主人重新用小砂罐置茶、烤茶、煮茶，并在茶盅里放入少许红糖、乳扇、桂皮等，这样沏成的茶，香甜可口。第三道茶为"回味茶"。其煮茶方法同前，只是茶盅中放的原料已换成适量蜂蜜，少许炒米花，若干粒花椒，一撮核桃仁，茶容量通常为六七分满。这杯茶，喝起来甜、酸、苦、辣，各味俱全，回味无穷。

湖南农业大学学生学习擂茶制作

　　烤茶　在我国的云南、贵州、陕西、甘肃等地均存有烤茶习俗。扒开烤火架或火堆内的炭灰，用吹火筒或者直接用嘴吹亮火苗，摸出一个黑乎乎的土陶罐洗净放在火上烤，待到陶罐烤热，放入茶叶继续烤，边烤边抖，待茶叶沙沙作响，焦香浓烈之时，迅速冲水，"刺啦"炸响开后，罐内"嗡嗡嗡"地便连珠般地串响，随即泡沫翻涌上来就像盛开的一朵朵白色的山茶花。此茶颜色浓艳，清香异常，是普通冲泡方法中无法体现出来的一种境界。在我国部分地区，烤茶技术的高低是衡量一个准女婿生活能力高下的标准。定亲之时，男方先将女方亲戚请到火塘边坐，由准岳父介绍三亲四姑，男孩烤茶后要按辈分、年龄从大到小的顺序筛茶，不能搞错。如果茶烤得苦涩、香味不好，或者冲水时哑了，烤出"哑巴茶"，都要遭到乡亲们的白眼相看，有的还要闹退婚。烤茶便有如一场人生中至关重要的考试。

①仡佬茶情
②布朗族青竹茶
③彝族女儿茶
④佤族烤茶
风格各异的少数民族茶艺

四、茶诗茶赋

千百年来，在中国的文学艺术中，以茶和茶事活动为题材的作品比比皆是，内容丰富，形式多样，数量众多，构成了蔚为大观的中华茶文学和茶艺术。文学艺术作为生活的一种反映，一方面反映出茶事活动的情况，另一方面，这些多姿多彩的以茶为题材的作品，极大地丰富了文学艺术宝库，成为中华文学艺术的一个组成部分。中华茶文学和茶艺术是构成中华茶文化的主体内容，也是中华茶文化的特色所在。茶诗词是指以茶为主题或在吟咏中涉及茶事的诗词。

（一）茶诗

答族侄僧中孚赠玉泉仙人掌茶并序
（唐 李白）

常闻玉泉山，山洞多乳窟。仙鼠如白鸦，倒悬清溪月。

茗生此中石，玉泉流不歇。根柯洒芳津，采服润肌骨。

丛老卷绿叶，枝枝相接连。曝成仙人掌，以拍洪崖肩。

举世未见之，其名定谁传。宗英乃禅伯，投赠有佳篇。

清镜烛无盐，顾惭西子妍。朝坐有馀兴，长吟播诸天。

这是中国历史上第一首以茶为主题的茶诗，也是名茶入诗第一首。在这首诗中，李白对仙人掌茶的生长环境、晒青加工方法、形状、功效、名称、来历等都作了生动的描述。字里行间无不赞美饮茶之妙，为历代咏茶者赞赏不已。公元 752 年（唐玄宗天宝十一载），李白与侄儿中孚禅师在金陵（今江苏南京）栖霞寺不期而遇，中孚禅师以仙人掌茶相赠并请李白以诗作答，遂有此作。

此诗生动形象地描写了仙人掌茶的独特之处。前四句写仙人掌茶的生长环境及作用，得天独厚，以衬序文；"丛老卷绿叶，枝枝相接连。"写出了仙人掌茶树的外形；"曝成仙人掌，以拍洪崖肩"曝，晒也。本句是目前发现的最早晒青史料。洪崖，传说中的仙人名。本句的意思是饮用了仙人掌茶，来达到帮助人成仙长生的结果。"举世未见之，其名定谁传。"由"曝成仙人掌"可以看出仙人掌茶是散茶，明朝罢团改散，在明以前大部分都是团茶，因此是举世未见之，其名定谁传。"宗英乃禅伯，投赠有佳篇。清镜烛无盐，顾惭西子妍"写的是李白对中孚的赞美之情，诗人在此自谦将自己比作"无盐"，而将中孚的诗歌比作西子，表示夸奖。"朝坐有馀兴，长吟播诸天"，诗人大声朗读所作的诗歌，使它能够传达到西方极乐世界的"诸天"。

仙人掌茶属于特种绿茶。仙人掌茶始创于唐代湖北当阳玉泉山麓的玉泉寺，创始人是玉泉寺的中孚禅师，此人不仅喜爱品茶，而且制得一手好茶。每年春茶萌发之际，他就从珍珠泉水汇流而成的玉泉溪畔的乳窟洞边采来细嫩的茶叶，制成形扁如掌、清香滑熟、饮之清芬、舌有余甘的茶。唐肃宗上元元年（760年），中孚禅师云游江南，在金陵遇见其族叔李白，诗人李白品饮之后，觉得此茶其状如掌，别有韵致，又出于玉泉寺，遂名之为"仙人掌茶"，并赋《答族侄僧中孚赠玉泉仙人掌茶》诗赞之。

饮茶歌诮崔石使君

（唐 皎然）

越人遗我剡溪茗，采得金芽爨金鼎。

素瓷雪色缥沫香，何似诸仙琼蕊浆。

一饮涤昏寐，情思朗爽满天地。

再饮清我神，忽如飞雨洒轻尘。

三饮便得道，何须苦心破烦恼。

此物清高世莫知，世人饮酒多自欺。

愁看毕卓瓮间夜，笑向陶潜篱下时。

崔侯啜之意不已，狂歌一曲惊人耳。

孰知茶道全尔真，唯有丹丘得如此。

茶，可比仙家琼蕊浆；茶，三饮便可得道。谁人知晓修习茶道可以全真葆性，仙人丹丘子就是通过茶道而得道羽化的。皎然此诗认为通过饮茶可以涤昏寐、清心神、得道、全真，揭示了茶道的修行宗旨。

皎然是中华茶道的倡导者、开拓者之一，作为佛教徒的皎然，却推崇道教的茶道观。他在另一首诗《饮茶歌 送郑容》中表达了同样的观念，即丹丘子就是饮茶而羽化成仙的。

西山兰若试茶歌

（唐 刘禹锡）

山僧后檐茶数丛，春来映竹抽新茸。

宛然为客振衣起，自傍芳丛摘鹰嘴。

斯须炒成满室香，便酌砌下金沙水。

骤雨松声入鼎来，白云满碗花徘徊。

悠扬喷鼻宿酲散，清峭彻骨烦襟开。

阳崖阴岭各殊气，未若竹下莓苔地。

炎帝虽尝未解煎，桐君有箓那知味。

新芽连拳半未舒，自摘至煎俄顷馀。

木兰沾露香微似，瑶草临波色不如。

僧言灵味宜幽寂，采采翘英为嘉客。

不辞缄封寄郡斋，砖井铜炉损标格。

何况蒙山顾渚春，白泥赤印走风尘。

欲知花乳清泠味，须是眠云跂石人。

此首七言古诗为唐代刘禹锡所作，该文感知茶叶真味并怜惜茶叶至极，读者可细品并熟记于心。

释义如下:山上寺庙后墙生长着几丛茶树,春天到来与竹子相映成趣并开始抽生新的茶芽,就好像客人到来换上了新的容妆,(诗人)自己便来到茶丛边采摘了茶形如鹰嘴的茶芽,一会儿就炒得满室茶香。此时,斟下金沙水于茶中便开始煮茶。煮茶之时水沸如骤雨松风般,茶汤白沫浮于表面有如白云和花朵。茶香幽长扑鼻,即使宿醉也顷刻酒醒,清高的茶香渗透入骨,扫除了胸中的一切烦恼。山南山北气候各不一样,但都没有竹下莓苔地茶叶好。炎帝虽尝过茶,但未懂煮茶的方法。桐君虽著有《采茶录》,但不知道茶的味道。茶芽卷曲着还未展开,自采自煎顷刻便可得。茶香似木兰花香,即使瑶草也未及。僧人认为如此灵味能使人进入寂的境界,采摘茶叶赠与宾客,邮寄到郡守的住所,可砖井铜炉又会损坏茶叶风味。更何况蒙山茶和顾渚紫笋茶还要经过长途运输,蒙受风尘,茶叶也要受损。如要懂得茶中真味,只有眠于云间、坐于石上的山人才能体味。

走笔谢孟谏议寄新茶

(唐 卢仝)

日高丈五睡正浓,军将打门惊周公。

口云谏议送书信,白绢斜封三道印。

开缄宛见谏议面,手阅月团三百片。

闻道新年入山里,蛰虫惊动春风起。

天子须尝阳羡茶,百草不敢先开花。

仁风暗结珠琲瓃,先春抽出黄金芽。

摘鲜焙芳旋封裹,至精至好且不奢。

至尊之馀合王公,何事便到山人家。

柴门反关无俗客,纱帽笼头自煎吃。

碧云引风吹不断,白花浮光凝碗面。

一碗喉吻润,二碗破孤闷。

三碗搜枯肠,唯有文字五千卷。

四碗发轻汗,平生不平事,尽向毛孔散。

五碗肌骨清,六碗通仙灵。

七碗吃不得也,唯觉两腋习习清风生。

蓬莱山,在何处?

玉川子,乘此清风欲归去。

山上群仙司下土,地位清高隔风雨。

安得知百万亿苍生命,堕在巅崖受辛苦!

便为谏议问苍生，到头还得苏息否？

卢仝，唐代诗人，自号玉川子，少时曾隐居少室山，刻苦读书。此诗由三部分构成。开头写孟谏议派人送来至精至好的新茶，这本该是天子、王公才有的享受，如何竟到了山野人家，诗人大有受宠若惊之感。中间叙述诗人反关柴门、自煎自饮的情景和饮茶的感受。一连吃了七碗，吃到第七碗时，觉得两腋生清风，飘飘欲仙。最后，忽然笔锋一转，为苍生请命，希望养尊处优的居上位者，在享受这至精至好的茶叶时，要知道它是茶农冒着生命危险，攀悬山崖峭壁采摘而来。可知卢仝写这诗的本意，并不仅仅在夸说茶的神功奇效，其背后蕴含了诗人对茶农们的深刻同情。此诗细致入微地描写了饮茶的身心感受和心灵境界，特别是五碗茶肌骨俱清，六碗茶通仙灵，七碗茶得道成仙、羽化飞升，提高了饮茶的精神境界。所以此诗对饮茶风气的普及、茶文化的传播，起到推波助澜的作用。

（二）茶歌

你来得正是时候

（词：何沐阳、蒋平；曲：何沐阳；原唱：徐千雅）

风来得正是时候，吹亮漫山的花朵，远去了古道的马铃，飘来你的脚步。雨来得正是时候，洗净迎你的渡口，歌声都飞溅在廊桥，等你已经太久。你来得正是时候，当黑茶飘香的时候，我在梅山煮茶等你，静看资江悠悠。你来得正是时候，当千两月光晾满楼，缘分融在山水里，茶已经浓了啊，人儿已经醉了。云来得正是时候，像朋友好多好多，人生相聚多难得，请你留一留。风来得正是时候，吹亮漫山的花朵，远去了古道的马铃，飘来你的脚步，雨来得正是时候。洗净迎你的渡口，歌声都飞溅在廊桥，等你已经太久。你来得正是时候，当黑茶飘香的时候，我在梅山煮茶等你，静看资江悠悠。你来得正是时候，当千两月光晾满楼，缘分融在山水里，茶已经浓了啊，人儿已经醉了。你来得正是时候，当黑茶沁成琥珀，来一杯将悲喜品透，踏入另一条河流。你来得正是时候！

　　《你来得正是时候》由有"现代民歌教父"之称的作曲家何沐阳作曲，由何沐阳、蒋平填词，华语乐坛著名女歌手徐千雅演唱。歌曲一经发布，就受到业界人士及广大音乐爱好者的广泛关注。何沐阳先生创作的这首歌曲延续他民族音乐创作的挥洒格局，结合家乡山歌的根源元素，怀着一种更深的情愫写出了他对故乡的浓情：那是一种江南山城翠秀的韵味，那是风来雨漫云聚的好客情义，那是沁人心脾的人生感悟，那是黑茶香漫深处的故乡。深情款款的曲调中带听众神游了美丽的山城安化。徐千雅的歌声中不仅唱出了文化底蕴深厚的湖南一方水土，更唱出了黑茶飘香地域标识的有声名片。

茯茶之歌

（词：李三原；曲：夏正华；原唱：王红梅）

神农茶　祭苍天

秦关汉水香茗园　香茗园

泾水悠悠孕茯砖　六百春秋红颜展

如此多娇　心海澎湃

归去来兮我夙愿

如此多娇　心海澎湃

归去来兮我夙愿

古今茶　几千般

金珠相聚花璀璨　花璀璨

神韵悠悠醇厚甘　墨叶红汤润人间

泾渭水美　秦人茶醉

关山伊人共长天

泾渭水美　秦人茶醉

关山伊人共长天

关山伊人共长天

　　该首《茯茶之歌》由我国知名茶叶专家、原陕西省茶业协会会长李三原先生作词，著名音乐家夏正华先生作曲。该曲获得2013美丽中国大型音乐展演活动作词金奖，获得陕西省直机关首届文化艺术节一等奖并入选全国林业系统评选的"我心目中的十大生态歌曲"。

（三）茶赋

茯茶赋

（作者：蔡镇楚）

浩浩洞庭之滨，悠悠资水岸畔，巍巍雪峰山下，有潇湘古城"益阳"，乃自古黑茶之源也。得天独厚之地理环境，域内茂生一嘉木，神农谓之解毒之茶，以之制成者名曰"黑茶"也。其沐日月之灵光，纳天地之精华，悟佛光之禅韵，蕴湖湘文化之精髓，自成一体，相得益彰矣。史载自唐已入疆域"不可一日或缺"之需品，及北宋易马之主物，至明嘉靖钦定之官茶。历经千载，彪炳史册，享誉八方久矣。

吾邦自古黑茶为朝廷之贡，西域之饮，皆以黑茶保健之由而用之。自华夏诸茶类，黑茶独领风骚，尤茯茶奇也。其内敛粲然金花者，曰"冠突散囊菌"乃益生菌种，惟千年灵芝中可觅。其汤色或橙黄，或琥珀明亮；滋味或醇和，或甘甜，菌香四溢，饮者众矣。其引品茗之风尚，为世人折叹，故美誉甚多，诸如"古丝绸之路上神秘之茶"，西域民族"生命之茶"，时下欣然谓之"天然健康之饮品"者是也。

黑茶之上品茯茶，唯吾"湘益"。百年老厂，建于安化，徙于益阳。以千年传承之技艺，专一之品质，乃入邦国非遗名录。百年湘益茶人，怀伟业，览天下，引茯茶标准之权威，缔茯茶宇宙之航母，树黑茶至尊之龙首，祈世人健康之复兴也！

以史为镜，建馆以记之。列历来之茶品、史志，览茶人辛勤劳作之收获、技艺益新之结晶；展湘益茯茶艰辛之历程、欣然向前之足迹；更为好茶者晓之以茯茶、后嗣湘益茶人之鉴而兴之以茯茶矣。

是为赋，意观者有得焉，幸也！壬辰孟春作。

湘益茯茶博物馆内的《茯茶赋》

千两茶赋

（作者：蔡镇楚）

伟哉中华兮，万里茶香；妙哉花卷兮，千秋名扬。玉叶金枝，吸天地之精气；花格篾篓，聚日月之灵光。七星灶里，运转乾坤；资水河畔，创造辉煌。承潇湘之秀色兮，积力量之阳刚；祈神州之弘毅兮，铸世界之茶王。大漠之甘泉兮，生命之昌；草原之玉液兮，健康之望。黑美人兮，湘女情长；千两茶兮，四海飞觞！

蔡镇楚，男，1941年11月12日出生，湖南邵阳人，号石竹山人，现任湖南师范大学文学院教授，文艺学博士点文化批评与文化产业研究方向首席导师。主讲《中国文学史》、《中国文学批评史》、《中国诗话研究》、《唐宋诗词》等课程。1992年起享受国务院颁发的政府特殊津贴。

附录一

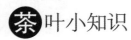叶小知识

上可感受茶叶的清香、栗香、甜香和花香等，凡气味不正常或有异味者可疑为假茶。随后开汤进行湿评，即开汤审评，通过看汤色、尝滋味、嗅香气、查叶底，凡不具备茶类应有的色、香、味、形者，均可疑为假茶或掺假茶。

一、茶叶的识别

（一）真假茶鉴别

茶，通常是指一种学名为 *Camellia sinensis*（*L*）O. Kuntze 的山茶科属常绿树（即茶树）上采摘的新梢，经加工而成的一种低热值、无酒精的饮料，称之为真茶。凡是从其他植物上采摘下来的鲜叶制成，而冒充茶叶进行销售的，应视为假茶。但现在有些植物如苦丁、银杏叶已被人们作为清凉保健的饮料，习惯上也被称为苦丁茶、银杏茶等等，则应与冒充茶叶的假茶区别对待。我们则应根据茶叶所具有的独特形态特征和内含有效成分进行分析，因为这是其他植物所不具有的。具体鉴别方法可从以下几方面着手。

1. 感官审评判别

首先看外形色泽、嗅闻香气。观看时可结合手感，以区分条索的长短、宽圆、粗细等。各茶类均有独特的色泽，如绿茶的翠绿、嫩绿、嫩黄、墨绿、黄绿等；红茶的乌润、黑褐、棕红等；乌龙茶的砂绿、褐绿、乌褐等。如叶色失真、混杂、碧青等可疑为假茶。从香气

2. 形态特征对比

将样品用开水冲泡 1~2 次，待叶底全部展开，将叶底用冷水漂在白瓷盘内，检查芽叶的形态特征。茶树叶片叶缘锯齿显著，近基部锯齿渐稀，呈网状叶脉，主脉明显，支脉不直射边缘，在 3/4 处向上折与上一支脉连接，形成波浪形态，芽和嫩叶的背面有银白色茸毛者可判为真茶，否则可疑为假茶。

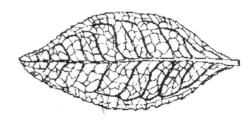

茶树叶片上叶脉的分布

3. 内部结构检验

将叶片徒手切片，制成细薄切片，在显微镜下观察，凡叶组织内部含有草酸钙星状结晶，叶细胞间有枝状的石细胞者可判为真茶，否则可疑为假茶。

4. 成分测定

经感官审评尚不能分辨真假茶的真

伪时，可根据茶叶中有效成分的特异性进行化学分析测定。如通过仪器分析测定茶氨酸的有无，或通过测定咖啡碱、儿茶素、茶氨酸及其含量的高低等生化指标，即可鉴别真假茶。也可采用简易测定法，如取已泡开的叶底，用刀具划痕，再用 $FeCl_3$ 滴染，如果出现黑色，则表明含有茶多酚类化合物；或 1g 待试物，放入三角烧瓶内，再加 80% 酒精 20ml，加热煮沸 5 分钟。冷却过滤，加上述酒精至 25ml，将酒精提取液摇匀，吸取 0.1ml 提取液，加入装有 1ml95% 酒精的试管中摇匀，再加入 1% 香荚兰素浓盐酸溶液 5ml 摇匀。如溶液立即呈鲜艳的红色，说明有较多的茶多酚存在；如果红色很浅，或者不显红色，则说明只有微量或没有茶多酚存在，那就是假茶，或是在真茶中掺了假茶。

目前，市场上有不少药用植物芽叶加工成的"茶"，如用人参叶制成的人参茶，用罗布麻叶制成的罗布麻茶，用桑树芽制成的桑茶、老鹰茶、柿叶茶、杜仲茶、枸杞茶、甜叶菊茶等，但它们不是真茶，而是其他类茶；还有一些"茶"，虽含有茶，但掺入数量不等的药用植物叶拼制而成，如糯米茶、减肥茶、戒烟茶等。这些其实只是人们习惯的称谓，因而不可与假茶混为一谈。

（二）新陈茶鉴别

一般当年加工的茶叶称为新茶，而隔年及以上的茶叶常称为陈茶。对它们的鉴别主要是感官评审，通过色、香、味、形进行鉴别。从外形上看，陈茶条索往往由紧结变为稍松。从色泽上看，茶叶经过储存，受空气中氧气和光的作用，绿茶会由新茶的青翠、嫩绿，逐渐变得枯灰，红茶则由新茶的乌润变成灰褐欠润或不润。滋味上，新茶一般呈现醇爽或鲜爽感，而陈茶鲜爽味减弱，变得"滞钝"，其滋味变淡薄。香气上，陈茶由于香气物质的氧化、缩合或挥发，茶叶由清香锐鼻，变得低闷带浊。

在正常情况下，上述方法能较好地鉴别新陈茶。但如果保存条件良好，这种差别就会相对缩小。

（三）春、夏和秋茶鉴别

我国茶叶产区四季分明，根据季节所采制茶叶分为春茶、夏茶、秋茶三类。从当年春天茶园开采日起到小满前产的茶叶为春茶；小满到立秋产的茶叶为夏茶；从立秋到茶园封园为止产的茶叶为秋茶。不同茶季采制的茶叶，其外形和内质差异明显。

对绿茶而言，春季温度适中，雨量充沛，云雾缭绕，加上茶树经头年秋冬季的休养生息，使得春梢芽叶肥壮，色泽翠绿，叶质柔软，幼嫩芽叶毫毛多。特别是早期春茶往往是一年中绿茶品质最好的茶叶。

夏季由于天气炎热，光照强烈，代

谢途径发生了改变，茶树新梢芽叶生长迅速，使得能溶解于茶汤的水浸出物含量相对减少，组分发生变化，特别是氨基酸及全氮量的减少，使得茶汤滋味不及春茶鲜爽，香气不如春茶浓烈。相反的，由于带苦涩味的花青素、茶多酚含量要比春茶高，不但使紫色茶芽增加，成茶色泽不一，而且滋味较为苦涩。

秋季气候条件介于春夏之间，但茶树经春、夏两季生长、采摘，新梢内含物质相对减少，叶张大小不一，叶底泛黄，茶叶滋味、香气显得比较平和。

（四）高山茶和平地茶鉴别

（1）外形特点区别　高山茶园土壤肥沃、昼夜温差大，高山茶有芽叶肥壮、茎秆粗、叶片厚、节间长、干茶颜色不太翠绿等特点。而平地茶，芽叶较瘦弱、叶片薄、茎秆细小、节间短、有未老先衰之感。

（2）内质特点区别　高山茶由于内含成分丰富，相比平地茶，茶叶香气高，冷香持久，滋味浓，耐冲泡，汤色明亮。通常由于高山茶冲泡后叶底容易泛浅白，平地茶泛乌或嫩绿等特点，所以人们误认为平地茶好看，高山茶好喝不中看。

（五）有机茶和无公害茶的关系

有机食品、绿色食品与无公害食品三者之间属于一种"金字塔"式的等级关系。其中有机茶是塔尖，根据国际有机农业运动联合会（LFOAM）《有机生产和加工基本标准》要求加工，符合欧盟EEC2092291关于农产品和食品的有机产品及其标识标准。而绿色食品执行的是中国农业部行业标准，前者具有国际性，后者具有国家性。无公害食品是按照相应生产技术标准生产的经有关部门认定的安全食品，严格来讲，无公害食品是一种基本要求。因此，有机茶一定是指在没有任河污染的产地，按有机农业生产体系种植出鲜叶，在加工、包装、储藏、运输过程中不受任何化学品污染，并经有机食品认证机构颁证的成品茶叶。

（六）窨花茶和拌花茶鉴别

花茶，又称熏花茶，是我国特有的香型茶，属再加工茶类，是利用茶叶具有吸异特性，用茶坯（即精加工后的茶叶）和鲜花窨制而成的，俗称窨花茶。花茶加工分为窨花和提花两道工艺。茶坯经过窨花后，失去花香的花干要经过筛分剔除，高级花茶尤其如此。在一些低级的花茶中，有时为了增色，会人为地掺入少许花干，它无益于提高花茶的香气。还有一些未经窨花、提花的低档茶叶，为降低成本，选用一些已经窨制过的色相较好的花干掺入，作为花茶。其实，这种茶的品质没有发生质的变化，它只是形似花茶。为与窨花茶相区别，通常称它为拌花茶。所以，从科学的角度而言，只有窨花茶才称得上是花茶，拌花茶只不过是形式上的含花茶而已。鉴别窨花茶与拌花茶，只要用双手捧上一把茶，送入鼻端闻一下，凡有浓郁花香者，为窨花茶。倘若茶味为主，却无花香者，则属拌花茶。也可用开水冲沏，只要一闻一饮，更易鉴别。

但要注意市场上掺入香精的茶，如再掺上些花干，充做窨花茶，初始会增加区别的难度，不过，这种花茶的香气维持时间较短，即使在香气有效期内，其香气也有别于天然花香的柔和舒适感，而带有闷浊之感。最有效的鉴别方法是开汤审评，在开水冲泡过程中，只是一饮有香，二饮香气基本逸尽，其香气的衰退十分明显。

一般说来，头次冲泡花茶，花香扑鼻，这是提花使茶叶表面吸附香气的结果，而第二、三次冲泡，仍可闻到不同程度的花香，乃是窨花的结果。所有这些，在拌花茶或香精茶是无法做到的，最多也只是在头次冲泡时，能闻到一些低沉或刺鼻的香味。

（七）劣变茶的识别

劣变茶是指茶叶的品质弊病严重，尝之使人恶心或对人体健康有害，已失去饮用价值的茶叶。如霉变茶、异味茶等。

（1）霉变茶：茶叶外形条索稍松或带有灰白色霉点，严重时茶条相互间结成霉块，色泽枯暗或泛褐，干嗅时缺乏茶香或稍有霉气，开汤后热嗅有霉味，汤色暗黄或泛红，尝滋味时有霉味，严重时令人恶心，叶底深暗或暗褐。

（2）其他劣变茶：是指具烟、焦、酸、馊及沾染各种异味，且程度严重，已失去饮用价值的茶。这类有异气味的茶叶一般是由于加工不当或运输、储藏保管不当而产生的，在辨别时应注意区分异味的类型：

①烟煤气味：如加工中采用木柴或煤燃烧干燥，产生的烟味进入干燥设备内，造成茶叶烟熏或煤烟气味，干嗅时即有烟气，开汤后更明显，且尝滋味时也有烟或煤味。

②异气味：常见的是包装袋的油墨气味、木箱气味以及与其他有气味的物品混放后吸收的异气味。

③酸、馊气味：加工处理不当，主要是处理不及时，造成茶叶堆闷发酵，产生酸馊味，一般干嗅时不明显，热嗅时有酸馊气味，有的经复火后可以减轻，严重的不能消除。

茶叶品质的优劣主要依靠两种方法判别，即感官审评与理化检验。感官审评是由茶师运用丰富的经验，通过视觉、嗅觉、味觉、触觉来判断茶叶的色、香、味、形是否达到某种茶类的品质特征或标准样的品质水平。理化审评是利用各种仪器设备，通过对茶叶物理性状的测定和对茶叶、茶汤中各种有效化学成分的分析，从而判断茶叶品质的好坏。相对于理化检验，茶叶感官审评不可避免地会受到人的主观因素和环境因素的影响，因此，在实践中应尽量创造相同的主客观环境，以减少审评误差。

二、科学饮茶

茶为国饮，饮茶可养生，这已经是国人的共识。但在饮茶时要注意哪些问题？如何饮茶才算是科学、正确地饮茶？并不是每一个消费者都说得清、道得明的问题。一般说来，饮茶要根据年龄、性别、体质、工作性质、生活环境、季节以及茶类特性来进行选择。

（一）怎样选购茶叶？

我国茶叶初加工分为六大茶类，各茶类又有许多种类，因此茶叶品种繁多，选购茶叶首先要根据人们的饮茶爱好。同时，我国地域辽阔，又是一个多民族的国家，风俗习惯各有不同，不同的茶类有不同的消费人群，选购哪种茶叶还要尊重饮用习惯。对不常饮茶，或对茶性不了解但又想尝试不同茶类风味的人，不妨先少量购买几种不同类型的茶叶尝试一下，然后再作出选择。也许在试的过程中，你能感觉出不同种类茶的品质特点，当亲朋好友登门拜访时，泡几种茶叶供大家品尝，也有一番乐趣。绿茶的清汤绿叶和幽雅的清香；红茶的红汤红叶和浓醇的滋味；花茶诱人的馥郁花香；乌龙茶的橙黄汤色、绿叶红镶边的叶底和浓烈甘醇、花香四溢的滋味，都会使你感到我国茶类的丰富，以及品茶的意趣。

在选择茶叶的过程中，务必注意以下两方面：一是干燥度，二是新鲜度。保管妥善的茶叶较干燥，如果保管不好茶叶含水量偏高，茶叶极易变质。茶叶干燥程度的简易鉴别方法易掌握，我们可在购买散装茶时，用两个手指捏茶条，如能碾成粉末，说明茶叶较干燥，其含水量约在 6% 左右。如不能碾成粉末，说明茶叶已吸潮，干燥程度不够，则不宜购买这种茶叶。若需要购买者，买回来后，要进行干燥处理，以避免茶叶品质继续劣变。

茶叶与酒不同，酒越陈越香，而一般茶则要求越新鲜越好（黑茶除外）。新产的茶叶香气、滋味都有新鲜感，让人有清新感。茶叶是否新鲜，在购买时可进行初步鉴别。外形上，新绿茶具色泽翠绿或深绿光润；红茶多具乌黑色且有光泽。在香气上，干闻之有茶香，无霉闷等异味者为正常产品。

如果在市场购买包装茶叶，选购时应看清包装日期，一般小包装茶保质期为 18 个月，以一年内者为好。同时，要注意辨认包装的质量、完好程度、包装材料和包装上标识、厂家、联系电话等信息是否完整。如没有把握，可先买一包试饮，鉴别其品质后，再决定是否继续购买。

（二）客来怎样敬茶？

"客来敬茶"是中国人待客的方式，也是中国人的一种传统美德。虽然清茶一杯，但它可增进友谊，增添和谐的气氛，同时也是一种格调高雅的礼仪。不过客来敬茶也有讲究。

第一，品饮茶叶的场所要清洁卫生、摆设整齐，如有字画、花草点缀，则可以增添文雅气氛。第二，饮茶用具清洁卫生，并根据饮用茶类而选用，茶壶、茶杯大小式样要匹配。第三，冲泡茶叶前要向客人介绍饮用的茶叶，让客人鉴赏茶叶的外形品质。取茶时切忌手接触茶，宜用茶则取用，或自然倒入茶杯，并根据茶杯大小定量，一般 200~250ml 容量的茶杯倒入 3g 左右的茶叶。手拿茶杯时只能拿柄，无柄茶杯握其中底部，切忌手触杯口，放置杯盖时切不可将盖沿盖在桌上，要翻转搁置。这是一种礼仪，也是一种对客人的尊重。第四，冲泡茶叶时，水壶嘴或热水瓶口不可靠在茶杯上，要离开茶杯一定距离。冲泡时，开始每杯冲入少量开水，待茶叶稍泡开后，再加水至离杯沿 1~1.5cm 即可，不必太满，盖上茶杯盖，约 1~2 分钟后，就可请客人打开杯盖稍冷后开始饮茶。待客人喝去三分之二的茶水之后便可添水续泡，以后边饮边添，待茶汤淡薄时

为止。一般情况下，一次会客只敬一种茶即可。如果会客时间长，待用餐之后再重泡一次，这次更换另一种茶叶，或许会博得客人的好感。第五，品饮茶叶时，如能介绍一些你所知道的这种茶叶的产地、风貌、品质特点，乃至饮这种茶对人体健康有什么好处等等，将会增添不少情趣。

（三）因人选茶饮茶

茶不在贵，适合就好。人的体质、生理状况和生活习惯都有差别，饮茶后的感受和生理反应也相去甚远。有的人喝绿茶睡不着觉，有的人不喝茶睡不着；有的人喝乌龙茶胃受不了，有的人却没事。因此，选择茶叶也必须因人而异。中医认为人的体质有燥热、虚寒之别，而茶叶经过不同的制作工艺也有凉性和温性之分，一般而言，绿茶和轻发酵乌龙茶属于凉性茶；重发酵乌龙茶如大红袍属于中性茶，而红茶、黑茶类属于温性茶。所以体质各异、茶性不同，饮茶也有讲究。燥热体质的人，应喝凉性茶，虚寒体质者，应喝温性茶。一般初次饮茶或偶尔饮茶的人，最好选用高级绿茶，如西湖龙井、黄山毛峰、高桥银峰、庐山云雾等。对因饮茶而容易造成失眠的人，可选用低咖啡碱茶或脱咖啡碱茶。

据此，建议有抽烟喝酒习惯、容易上火、热气及体形较胖的人（即燥热体质者）喝凉性茶；肠胃虚寒，平时吃点

苦瓜、西瓜就感觉腹胀不舒服的人或体质较虚弱者（即虚寒体质者），应喝中性茶或温性茶。青年人正处发育旺盛期，以喝绿茶为好。妇女经期前后以及更年期，性情烦躁，饮用花茶可以疏肝解郁，理气调经。身体健康的成年人，饮用什么茶叶都可以，可根据自己的嗜好和习惯而定。身体肥胖，希望减肥的人，可以多喝些乌龙茶、黑茶等。常年牛羊肉食较多的人，为了增进脂肪食物的消化，可以多喝些砖茶、饼茶等黑茶。经常接触有害物质的工作人员，为了解除毒害可以多喝些绿茶。作家、诗人搞创作、学生应考、夜班工作人员、军人、医生、驾驶员、飞行员、运动员、歌唱家、广播员、习武人员等等，为了提高脑子的敏捷程度，保持头脑清晰、精神饱满、增强思维能力、判断能力和记忆力，可以饮用绿茶。老年人适合饮用红茶及黑茶。要特别注意的是，苦丁茶等凉性偏重的保健茶类，其清热解毒、软化血管、降血脂的功能较其他茶叶更强，最适合体质燥热者饮用，但虚寒体质的人则不适宜饮用此茶，否则易造成肠胃不适或腹泻等问题。

（四）因时选茶饮茶

中医认为，依据茶叶性能功效的不同和四季节气的变化，人们饮茶应随气候的寒热温凉，选用不同品种的茶叶。

春天，冰雪消融、万物复苏，人体也是生机勃勃。这时应该饮用香气浓郁的花茶，以散发冬天积聚在体内的寒邪，促使人体阳气生发。

夏天，天气炎热，暑气逼人，人体津液消耗较多。这时候饮用绿茶比较合适。因为绿茶性苦寒，能够消暑解热，并含有较多的多酚类物质，能够刺激口腔黏膜，促使口内生津。所以绿茶是消暑止渴的佳品。

秋天，天气凉爽，气候干燥，夏季余热未清，人体津液未完全恢复。这时可饮用青茶。青茶即乌龙茶，它的性味介于绿茶、红茶之间，不寒不温，既能清除余热，又可恢复津液。当然，秋季还可将绿茶与花茶混合一起饮用，这是为取绿茶清热、花茶化痰这两种功效。因为秋季是气管炎易发季节，人们往往有痰液咳出，故合用绿茶与花茶的共同作用以清热去痰。

冬天，大地冰封，寒气袭人，人体阳气易损。此时，应选用味甘性温的红茶、花茶、黑茶，这些性温的茶，加上热蓼，可以祛寒暖身、宣肺解郁，有利于排解体内寒湿之气。冬天进补，佐饮红茶，最为恰当。而黑茶类还具有较强的助消化、去油腻的作用。

由于地域不同、民族不同，饮茶习惯有差异，但一般情况下，早晨起来饮一杯茶可以帮助醒脑和振作精神；上午和下午工作间饮一杯茶可以消除工作的疲劳、增强机体活力、提高思维判断能力；宴请餐后饮一杯茶，可以促进脂肪消化、解除酒精毒害；抽烟人饮茶可以减轻烟油和尼古丁的毒害；吃了辛辣食品或有口臭的人，与人谈话、交际之时，先喝点茶可以消除口臭；脑力劳动者思考创作时饮茶，可保持头脑清醒，思路敏捷；节假日或工余饭后，一杯清茶可让你轻松愉快；看电视时饮茶可以有利于视力，并可解除微弱辐射的危害。因此，选茶饮茶要因人、因环境、因工作条件等有差异的选择。如果以解渴为目的的饮茶，则可随意，渴了就喝。

（五）合理的饮茶用量

喝茶并不是"多多益善"，而须适量。饮茶过量，尤其是过度饮浓茶，对健康非常不利。因为茶中的生物碱将使中枢神经过于兴奋，心跳加快，增加心、肾负担，晚上还会影响睡眠。高浓度的咖啡碱和多酚类等物质对肠胃产生刺激，会抑制胃液分泌，影响消化功能。茶水过浓，还会影响人体对食物中铁及无机盐等的吸收。

根据人体对茶叶中药效成分和营养成分的合理需求，并考虑人体对水分的需求，成年人每天饮茶的量以干茶 12g 左右，其冲泡用水总量 400~1500ml 为宜。这只是对普通人每天用茶总量的一般性建议，具体还须考虑人的年龄、饮茶习惯、所处生活环境、气候状况和本人健康状况等。对于体力劳动量大、消耗多，进食量也大的人，尤其是高温环境、接触毒害物质较多的人，一日饮茶 20g 左右也是适宜的；对进食油腻食物较多、烟酒量大的人也可适当增加茶叶用量；对长期生活在缺少蔬菜、瓜果的海岛、高山、边疆等地区的人，饮茶量也可多一些，这样可以弥补维生素等摄入的不足。而对那些身体虚弱或患有神经衰弱、缺铁性贫血、心动过速等疾病的人，一般应少饮甚至不饮茶，孕妇和儿童饮茶量可适当减少。

（六）适当的饮茶温度

通常，饮茶提倡热饮或温饮，要避免烫饮和冷饮。饮茶与平时进食、喝汤一样，食物温度过高不但易烫伤口腔、咽喉及食管黏膜，长期食用高温食物还是导致口腔和食管肿瘤的一个诱因。所以，不宜饮用温度过高的茶水。对冷饮茶水，要视具体情况而定，老年人及脾胃虚寒者，应当忌饮冷茶，因为茶叶本身性偏寒，特别是绿茶，加上冷饮其寒性得以加强，这对脾胃虚寒者会产生聚痰、伤脾胃等不良影响，对口腔、咽喉、肠道等也会有副作用。同时，老人及脾胃虚寒者建议温饮性温的茶类，如红茶、黑茶等。

（七）不宜喝茶的人群

茶虽是国饮，但有些疾病患者或处在特殊生理期的人需注意饮茶。如有神经衰弱的患者，在临睡前不要饮茶。因为神经衰弱者的主要症状是失眠，茶叶含有的咖啡碱具有兴奋作用，临睡前喝茶有碍人入眠。

脾胃虚寒者不要饮浓茶，尤其是绿茶。因为绿茶性偏寒，并且浓茶中茶多酚、咖啡碱含量都较高，对肠胃的刺激较强，会对脾胃虚寒者产生不利影响。

缺铁性贫血患者不宜多饮茶。茶叶中含有的茶多酚很容易与食物中的铁发生反应，使铁形成不易被人体吸收的络合物。如果这些患者正在服用补铁的药物，会降低补铁药剂的疗效。

活动性胃溃疡、十二指肠溃疡患者不宜多饮茶，尤其不要空腹饮茶。原因是茶叶中的生物碱能抑制磷酸二酯酶的活力，其结果使胃壁细胞分泌胃酸增加，胃酸增多会影响溃疡面的愈合，加重病情，并产生疼痛等症状。

习惯性便秘患者也不宜多饮茶，因为茶叶中的多酚类物质具有收敛性，能降低肠蠕动，这可能加剧便秘。

处于经期、孕期、产期的妇女最好少饮茶或只饮淡茶。茶叶中的茶多酚与铁离子会发生络合反应，使铁离子失去活性，这会使处于"三期"的妇女易患贫血症。茶叶中的咖啡碱对中枢神经和心血管都有一定的刺激作用，又会加重妇女的心、肾负担。孕妇吸收咖啡碱的同时，胎儿也随之被动吸收，而胎儿对咖啡碱的代谢速度要比大人慢得多，这对胎儿的生长发育是不利的。妇女在哺乳期不能饮浓茶，首先是浓茶中茶多酚含量较高，一旦被产妇吸收进入血液后，会使其乳腺分泌减少；其次是浓茶中的咖啡碱含量相对较高，被母亲吸收后，会通过哺乳而进入婴儿体内，使婴儿兴奋过度或者发生肠痉挛。妇女经期也不要饮浓茶，茶叶中咖啡碱对中枢神经和心血管的刺激作用，会使经期基础代谢增高，引起痛经、经血过多或经期延长等。

（八）饮茶需注意的问题

茶宜现冲现饮，不宜饮剩茶汤。现冲现饮的茶香味浓郁，有利于有效成分和维生素的补充，而隔夜茶可能会发生不良反应，而影响茶的功效和作用。

茶宜兼饮，不宜偏食。茶叶因产地、品种、采摘时机与加工方法的不同，含有的营养成分也有所不同，因而，饮用的茶品应当杂一些。有人这样安排：夏季饮绿茶，冬季饮红茶，春秋两季饮花茶。这是一种比较好的兼饮办法。

茶宜常饮，不宜过浓过量。茶有助消化、解油腻、祛暑热、提精神的功能。可上清头目，中消食滞，下利二便。但过量饮浓茶，有可能导致胃功能失调，不可不予注意。

茶宜择时饮，不宜频频盲饮。"饭后茶消食，午茶长精神"。饭后与午间饮些茶是比较有益的，而饭前与晚睡前这段时间，就不宜再饮茶，否则"空腹茶心慌，晚茶难入睡"。

茶宜温饮，不宜烫饮。"烫茶伤五内"。常吃烫的食物，有致癌的危险。所以一般认为"淡茶温饮保年岁"。

茶宜淡饮，不宜浓饮。除吸烟、饮酒者为降火解毒，饱食蛋、奶、鱼、肉者为消食去腻，可饮些浓茶外，一般不宜饮浓茶。长期饮浓茶，会减弱胃肠对食物中铁质的吸收，引起贫血或维生素 B 缺乏症。过度饮浓茶，会令人"茶醉"，出现心慌、头晕、四肢无力、站立不稳等症状。特别是肾虚体弱的人，饮浓茶更易发生"茶醉"的症状。

（九）服药期的饮茶问题

从中医的角度看，百草皆药，神农是得茶解毒。李时珍在《本草纲目》中说："茶叶苦甘微寒，能疗瘘疮，利小便，去痰热止渴，令人少睡，有力悦志……"这说明茶叶除对痰热等疾患有着直接的治疗效能外，还可醒神，饮用后可兴奋精神。茶叶中的生物碱、多酚类、茶氨酸等有效成分，都具有药理功能，它们也可以与其他饮用药物的化学成分发生化学反应，影响其他药物的疗效，甚至产生毒副作用。此问题历来为医家和患者所关注。根据有关文献报道，在服用以下药物时，应禁茶或避开饮茶时间。

1. 中药

中药汤剂和中成药组方的治疗效果是药物中多种成分在一定比例下综合作用的结果，因此，除特别医嘱或特殊情况下须用茶冲服（如川芎茶调散）外，一般内服汤剂和中成药时均不宜饮茶，以免茶中的一些成分与中药有效成分发生反应或改变其配伍平衡。

2. 对矿物质特别是补铁药物的作用

人体的血红蛋白含有铁，铁是人体必需元素，铁不足将导致缺铁性贫血。人体摄入铁的食物来源主要是肉、鱼、豆类及蔬菜等。饮茶与铁的吸收有较密切的关系。迪斯勒（P. B. Disler）等的研究得出，进食前后，如大量饮茶可导致铁吸收率下降达 60%。喏撒贵（I. Rasagui）等发现血清中铁蛋白水平与进餐时饮茶呈负相关。国内也有因饮茶过度导致缺铁性贫血的病例发现。其机理主要是茶多酚类物质在胃中与 Fe^{3+} 形成不溶性络合物，从而影响铁剂的吸收和疗效。同时，大量多酚类的饮入抑制了胃肠的活动，进而减少对铁等营养元素的吸收。

虽然茶叶中的多酚类可与 Fe^{3+} 发生络合反应，但一般只对非血红素铁起作用，对血红素铁不起作用。此外，由于维生素 B_{12} 与红血细胞形成有关，而茶多酚与维生素 B_{12} 之间也存在络合现象，这也可能是饮茶导致缺铁性贫血的机制之一。但茶叶中大量存在的维生素 C 等成分，它们有促进铁吸收的作用。一般认为，如果饮食中富含鱼肉，由于富含血红素态的铁，所以进餐前后饮茶问题不大；而对以素食为主的人群，其食物中铁含量较少，如进食前后饮茶就有可能导致对铁吸收的减少。为防止因饮茶导致缺铁性贫血，我们提倡避开用餐时间饮茶，孕妇、幼儿等特殊人群宜少饮茶，不饮浓茶。

此外，茶多酚类还可与钙剂类（如葡萄糖酸钙、乳酸钙等）、铋剂类（丽珠得乐、碳酸铋等）、钴剂类（维生素B_{12}、氯化钴等）、铝剂类（胃舒平、硫糖铝等）、银剂类（矽碳银等）等药物相结合，在肠道中产生沉淀，不仅影响药效，而且会刺激胃肠道，引起胃部不适，严重时还可引起胃肠绞痛、腹泻或便秘等。

3. 抗生素类、抗菌类药物

茶叶中的多酚类在肠道内可能会对四环素、氯霉素、红霉素、利福平、强力霉素、链霉素、青霉素、先锋霉素等药物发生络合或吸附反应，从而影响这些药物的吸收和活性。喹诺酮类抗菌药物（如诺氟沙星、培氟沙星等）中含有与茶碱和咖啡碱相同的甲基黄嘌呤结构，其代谢途径类似，所以在服用这些药物时饮茶，茶叶中的咖啡碱和茶碱会干扰体内茶碱和咖啡碱的代谢平衡，致使血液中药物浓度上升，半衰期延长，造成人体不适。所以，在服用上述抗生素和喹喏酮类抗菌药物时也不宜饮茶。

4. 助消化酶药物

茶中的多酚类物质能与助消化酶中的酰胺键、肽键等形成氢键络合物，从而改变助消化酶的性质和作用，减弱疗效，故不宜用茶水送服胃蛋白酶片、胃蛋白酶合剂、多酶片、胰酶片等药。

5. 解热镇痛药

安乃近及含有氨基比林、安替比林的解热镇痛药（PPC、散痛片、去痛片等）可与茶中的多酚类发生沉淀反应而影响疗效，故应避免用茶水送服。然而，用热茶送服乙酰水杨酸（阿司匹林）、对乙氨基酚（扑热息痛）及贝诺酯等药物，则可以增强它们的解热镇痛效果。

6. 制酸剂

由于茶叶中的多酚类可与碳酸氢钠发生化学反应使其分解，与氢氧化铝相遇可使铝沉淀，故在服用碳酸氢钠、氢氧化铝等药物治疗胃溃疡时，应忌茶。同时由于西咪替丁可抑制肝药酶系列细胞色素P450的作用，延缓咖啡碱的代谢而造成毒性反应，所以在服用西咪替丁治疗胃溃疡时，也不能饮茶。

7. 单胺氧化酶抑制剂

此类药物有苯乙肼、异唑肼、苯环丙胺、优降宁、呋喃唑酮和灰黄霉素，其中苯乙肼、异唑肼、优降宁和呋喃唑酮可透过血脑屏障抑制儿茶酚胺的代谢，促进脑内环磷腺苷（cAMP）的合成；而咖啡碱、茶碱可抑制细胞内磷酸二酯酶的活性，减少cAMP的破坏，从而易造成严重高血压。故在服用上述单胺氧化酶抑制剂时，不宜大量饮茶。

8. 腺苷增强剂

潘生丁、克冠草、六甲氧苯啶（优心平）、利多氟嗪和三磷酸腺苷可通过增加血液和心肌中的腺苷含量发挥扩冠作用。咖啡碱和茶碱有对抗腺苷的作用，故用上述腺苷增强剂防治心肌缺血时应禁茶。

9. 抗痛风药

抗痛风药别嘌醇是体内次黄嘌呤的同分异构体，两者均可被黄嘌呤氧化酶催化，前者生成别嘌呤，后者生成尿酸。别嘌醇能与次黄嘌呤竞争黄嘌呤氧化酶，从而抑制尿酸合成，降低尿酸的血浓度，减少尿酸盐在骨、关节和肾脏的沉积，故可治疗痛风。有文献认为饮茶降低别嘌醇的药效，可能与茶中所含黄嘌呤类化合物在体内经黄嘌呤氧化酶催化生成甲基尿酸有关。

10. 镇静安神类药物

茶中的生物碱类，包括所含的咖啡碱、茶碱、可可碱，均可兴奋大脑中枢神经，在服用眠尔通、利眠宁、安定等镇静、催眠、安神类药物时饮茶，会抵消这些药物的作用，故在服用此类药物时不可饮茶。

11. 其他

茶多酚类可与维生素 B_1、氯丙嗪、次碳（硝）酸铋、氯化钙等生成沉淀。生物碱类药物如小檗碱（黄连素）、麻黄碱、奎宁、士的宁；苷类药物如洋地黄、洋地黄毒苷、地高辛以及活菌制剂乳酶生，亦可被茶多酚类沉淀或吸附。所以，在服用上述药物时也应禁茶。

茶叶对许多药物的影响尚不明了，不断上市的新药与茶叶成分的相生相克关系，还有待进一步研究和观测，所以，人在生病服用药物时应谨慎饮茶。

另外，发霉变质的茶叶，受油漆、樟脑丸等异味污染的茶叶，隔夜馊酸茶，冲泡过久的茶叶等不宜饮用。

（十）茶叶中氟的安全性

据卫生部门调查，我国大部分地区和城市的饮用水氟含量低于 $0.5\mu g/g$，而茶汤中的氟含量可达 $5\mu g/g$。所以，经常饮茶可以弥补饮水缺氟的状况，从而起到预防龋齿的作用。流行病学调查和临床试验证明，在许多地方儿童及成年人适量饮茶可有效降低龋齿发病率。但是，如果摄入的氟过量，则会引起人体氟中毒，出现氟斑牙、氟骨病等症状，同时还可使肾脏等多种内脏功能受到影响。近年来，在牧区有报道，牧民中发生了因摄氟量过高而引起的氟中毒现象。

茶叶中含氟对人体健康的作用，以前多涉及对防治龋齿的功效。自上世纪80年代，国家卫生部组织专家经系统调查研究，证实了饮茶型氟中毒的问题，引起了人们关注茶叶中过高的氟对人体健康带来的危害。茶叶中的氟对人体健康有利或有害，关键是氟含量的高低和摄入量的多少。大量检测数据表明，绝大多数茶叶中氟的含量不至于造成对人体健康的危害，但茶叶具有在老叶和老梗中聚集氟的特性，因此用粗老原料加工的黑茶与边疆牧民长时间熬煮茶叶的泡茶方式，提高了茶汤中的氟浸出率，这是导致人们氟中毒的原因之一。为了解决边销茶中高氟含量和茶叶熬煮氟浸出量提高的问题，可从以下几方面努力：①适当提高黑茶加工原料的嫩度，可有效降低茶叶原料中氟含量偏高的问题。②研制高效安全的除氟添加物，以去除茶汤中浸出的氟元素，目前，已有相关研究成果，如蛇纹石、复合化学除氟配方等，能够消除 40℃~200℃ 的可溶性氟。③适当缩短茶叶熬煮时间，以减少氟的浸出率。④从长远来看，应加强科学研究，培养低氟含量的茶树品种，可最终解决茶叶含氟量偏高的问题。

（十一）茶叶中咖啡碱的两面性

咖啡碱是茶叶中最主要的生物碱，含量一般占干茶的 2%~4%，它是茶叶品质特征成分之一，具有多种保健功效，如具有强心、利尿、兴奋中枢神经等生理作用，但咖啡碱的副作用也是人们关注的问题。由于茶汤中咖啡碱与其他有效成分按比例协调共存，这与单纯成分的咖啡碱是有区别的，前者在茶汤中的浓度较低，并与其他成分相互制约，对人体健康是安全的，因此咖啡碱在茶叶的提神、抗疲劳、利尿、解毒等功能方面作出重要贡献。但如果饮茶不合理，咖啡碱等生物碱的成分有可能会危害人体健康。所以，在饮茶时应注意以下几点。

①临睡前不要饮茶，特别是不要饮用浓茶，以免造成失眠。

②对某些疾病患者，如严重的心脏病及神经衰弱等，也应避免饮浓茶或饮茶太多，尤其不要晚上饮茶，以免加重心脏负荷。同时，由于咖啡碱可诱发胃酸分泌，所以胃溃疡患者也不宜饮浓茶。

③在服用某些药物时，也不要同时饮茶，茶叶中的咖啡碱有可能与其发生反应，影响药效或产生不良后果。

（十二）饮茶中的小窍门

茶是我国的国饮，泡茶喝茶是生活小事，所以说人人都会。但在泡茶饮茶过程中有许多窍门，同样的茶叶，泡饮方法不同，会产生不同的饮用效果：泡饮方法得当，能使茶叶的色、香、味等品质特点充分体现出来，并能产生良好的生理效应，反之则有损茶味及其健康功效。

1. 名优茶叶适当低温

名优茶采摘较嫩，特别是绿茶中的名优茶珍品更为细嫩。嫩茶所含有效成分丰富，叶细胞壁纤维素少，其内含物质很易泡出，如用沸水冲泡，茶汤、叶底易产生黄熟现象，失去了嫩香、新鲜、清新的好香气，并会产生熟闷、熟钝的不良气味。如果茶叶新嫩、新鲜，用70℃~75℃的开水冲泡，香味清新，滋味鲜醇，茶汤和叶底也较绿润鲜活，能品饮到名优茶的真味。

2. 陈味绿茶玳玳提香

存放时间较长的高档绿茶，色泽变深，汤色偏黄，香气显钝，滋味欠爽，叶底偏黄。冲泡这种茶时，可在杯中放入4~5朵玳玳花，可压低陈茶味而透出清香味。要选用洁白、干燥、香气高雅的玳玳花，更能发挥盖陈味扬清香的调味作用。

3. 低档茶叶白糖调味

随着茶叶级别的下降，茶叶粗老气味愈来愈重，特别是夏秋茶的粗涩味更重。泡饮这种茶时，按1.5g白糖/100ml的量添加，可减轻粗涩味，调味效果甚为明显。

4. 存放老茶橘皮调香

存放时间较长的茶叶，内含物质的自动氧化加深，氧化型的类脂物质增加，使茶味变淡，陈味加重。冲泡时加入少量的橘子皮，可压低粗老茶的陈味。所加入的橘子皮以新鲜的为好，如果是深褐色或变质陈皮，不但不增香，还会造成茶汤的苦味。

5. 花茶冲泡用量稍减

饮用花茶要显花香味，泡茶时应减少用茶量，降低滋味浓度，以透发花香。如果用茶过多，茶香成了显性因子，相对地掩盖了花香而产生透素（透素，指花茶素坯茶香突出，而花香薄弱，失去了花茶应有的鲜灵特征），喝起来会感到花香味不足。另外，泡茉莉花茶最好用瓷质茶壶，用沸开的水冲泡，饮用时再斟入茶杯内，这样泡饮花茶滋味较佳。

6. 咸水冲泡稍加白糖

在沿海地区，一到夏天往往由于江河水位下降，形成海水倒灌，造成自来水偏咸。当这种情况发生时，在冲泡的茶中稍加白糖可盖去咸味，改善茶味。用糖量为水量的1%左右即可。

7. 茶叶冲饮不宜保温

保温杯能保温，如果茶汤在保温杯中放置两三个小时后，温度仍可达60℃左右，这类似于文火煎中药，"煎出"的茶汤必带熟闷味。因此，无论什么茶，在保温杯冲泡，不宜放置太长，否则，茶汤滋味熟闷，香味钝闷。对于不宜饮冷茶的人，为保持茶汤温度，用保温杯泡茶时，可冲入75℃左右的开水，以减轻对茶风味的损坏。

8. 加入类茶调和滋味

冲泡绿茶时，可在茶中加入0.5g左

右的鲜薄荷叶、紫苏叶、玉米叶和干的荷叶等类茶的植物。这些植物叶，具有清香能调和滋味、提高茶味的清爽度的功能。特别是夏季，冲泡大缸、大桶茶时加入这些叶子效果更好。

9. 大宗绿茶先洗后泡

机制绿茶在加工过程中，由于茶叶量大，机具上易粘附茶胶、焦末以及器具上的灰尘等，造成茶汤混浊、沉淀物多、滋味不正等问题。如在泡茶前把茶叶放在壶（杯、碗）内，先冲入40℃~50℃的温水振荡后洗去污物，再冲入开水，有利于减轻茶叶的烟焦味，并提高茶汤的透明度。

10. 旅游外出自带茶饮

随着国家富强，人民生活水平提高，出门旅游已成为中国人生活中的主要休闲方式，但外出旅游时常会感水土不服、肚子发胀、胃口不好，甚至腹泻。这主要是由于饮用水的水质差异所造成的。如生活在南方的人们，常饮偏微酸性的水，去北方后喝偏碱性的水，会抑制消化系统某些酶的功能，影响正常的消化，导致产生肚子不适、腹胀、口臭、乏力等症状。因此，旅游在外，带上自己常饮的茶叶，可降低水土对肠胃功能的影响，保持酶的功能正常，缓和由于水质差异所引起的水土不服反应。

11. 水壶泡茶杯中饮用

茶叶中的水浸出物在热水中很易溶解浸出，泡3~5分钟后浸出量达80%以上。把茶汤从壶内斟出饮用，比把茶汤留在壶内边泡边饮用鲜爽。茶汤在壶（杯）内若放置较长，在湿热条件下，会加剧叶底中有效成分的反应，造成茶汤香味锐减。生活中，可采用飘逸杯或盖碗等进行茶叶冲泡，能真正品尝到名茶的优异香气滋味。

12. 客来敬茶分次冲泡

一年四季，客来人往，以茶待客，但如果是一杯烫茶，往往会使人感到心烦意乱，弄不好满头大汗，这种情况在夏季更是如此。如有急事相商，事已办完，而茶依然烫口，不能饮用，这既没有达到客来敬茶的目的，也会造成茶叶浪费。在此，介绍一种分次冲泡茶叶的方法。客来时，将茶叶放入杯中，先用三分之一量的开水冲泡，待茶叶初步展开显绿时，可根据时下的气温，将温开水或冷开水加至常量，即可招待客人饮用。当客人饮至三分之一杯处时，续添温开水即可，第三次续水时可冲泡开水，以尽茶中有效成分。该方法一来达到了客来敬茶、即刻饮用的目的；二来在饮茶的过程中，不会因茶叶在杯中浸泡时间较长，当饮到杯底时感到滋味浓厚或苦涩；三来由于冲泡水温不高，茶叶不会由于长时间浸泡在高温中，造成叶色变黄、滋味变闷；四来也由于冲泡水温不高，茶叶中的有效成分会逐步均匀浸出，可增加茶叶的冲泡次数。

附录二
化黑茶重大事件

片片皆辛苦（蒋述生　摄）

安化黑茶重大事件表

年代	事件
856 年	唐代杨晔《膳夫经手录》载："渠江薄片、益阳团茶运销湖北、江陵、襄阳一带。"渠江为安化地名，此为史籍首次记载安化茶。
936 年	五代毛文锡《茶谱》再次记载渠江薄片茶："潭邵之间有渠江，中有茶……其色如铁，而芳香异常，烹之无滓也。"
1072 年	北宋熙宁五年章淳开梅山而置安化县，取归安德化之意。
1088 年	北宋在安化资江北岸设茶"博易场"（交易市场），清同治《安化县志》称"茶场"。
1391 年	明洪武二十四年，朝廷令长沙府安化县贡芽茶22斤（合13公斤）。安化贡茶为大桥、仙溪、龙溪、九渡水四保所产，史称"四保贡茶"。
1524 年	明嘉靖三年，御史陈讲疏奏："商茶低劣，悉征黑茶。""黑茶"一词首次见诸史料。《甘肃省志·茶法》载："安化黑茶，在明嘉靖三年以前，开始制造。"
1595 年	明万历二十三年，安化黑茶从私贩进入官营。
1644—1661 年	清顺治年间以安化引茶为原料的封茶出现，封茶又名官茶，是朝廷以茶易马的商品，也是西北民族的主要饮用茶。此为茯砖茶之肇始。
1723—1735 年	清雍正年间，黑茶引包全部由安化运到陕西泾阳加工成官茶即泾阳砖，安化黑茶以"湖茶"之名，成为官茶的代称，达到历史最盛时期。
1730 年	清雍正八年，安化小淹苞芷园立茶叶禁碑，严禁掺杂使假、越陈私贩等不法黑茶交易行为。
1756 年	清光绪《湖南通志》记载乾隆二十一年："湖南巡抚陈宏谋奏定安化引茶章程。"
1820 年	道光元年以前，安化出现"滚包茶"，后演变为"百两茶"。
1828 年	清道光八年，朝廷规范关外封茶价格，每封运至阿克苏不得超过4两纹银，喀什噶尔、叶尔羌不得超过5两纹银。
1854 年	清咸丰四年，安化创制红茶，当时年产约十万箱，转销欧美，称曰"广庄"。安化工夫红茶在国内外享有盛誉。
1862—1874 年	清同治年间，晋商"三和公"茶号在边江制造出"千两茶"。
1868 年	清同治七年九月，安化知县陶燮成厘定红茶章程。

续表

年代	事件
1873 年	陕甘总督左宗棠平定回民起义后，于同治十二年奏请厘定甘肃引茶章程，"以票代引"。同年，安化销售红茶、黑茶达 12079 吨，为历史最高年份之一。
1915 年	民国四年安化茶叶（红茶）在巴拿马万国博览会上获得金奖。
1917 年 4 月	1917 年 4 月，湖南茶叶讲习所于长沙岳麓山道卿祠成立，1920 年迁安化黄沙坪，1928 年，奉令停办，改为湖南茶事试验场，增设长沙高桥分场（今湖南省农业科学院茶叶研究所前身），湖南茶叶讲习所乃国内最早的四个茶叶科研机构之一。
1922 年	该年安化红茶运销 40 万箱（合 12096 吨），占湖南茶叶出口的 44.9%，全国的 12.1%。
1932 年	民国二十一年安化茶场场长冯绍裘设计出木质揉茶机和 A 型烘干机。
1937 年	抗日战争爆发，茶叶销售中断，安化茶叶大量积压，生产萧条。
1939 年	2 月，湖南省农业改进所茶作组改为湖南茶业管理处，直辖于省建设厅，设办事处于长沙和安化东坪。5 月，省茶业管理处派副处长彭先泽至安化江南试制黑茶砖成功。
1940 年	3 月，湖南省管理处设安化江南的砖茶厂，在彭先泽、罗运隆主持下，试压黑茶砖成功，经检验品质"堪合苏销"。至 11 月生产黑砖茶 2073 箱（111.0 吨）经衡阳运往香港交与苏联。
1941 年	元月，湖南省茶业管理处砖茶厂更名为湖南省砖茶厂，厂址设于安化江南坪。9 月，在桃源沙坪设立分厂。
1942 年	安化各茶厂普遍用土法熬制茶素、提炼咖啡碱，运销四川，大获其利。
1943 年	5 月，湖南省砖茶厂改由中国茶叶公司与湖南省政府合办，更名为中国茶叶公司湖南砖茶厂，厂址在安化江南坪，并在安化酉州加设分厂。湖南砖茶厂（设于江南）试压泾砖 66 箱，计 528 片，这是湖南安化最早制试茯砖茶。
1944 年	中国农业银行、湖南省银行及西北民生银行实业公司集资建安化茶叶公司，于汉口，设安化砖茶厂于安化白沙溪，压制黑砖茶。
1946 年	8 月，国营砖茶厂停业。省府决定在安化酉州设立湖南省制茶厂，公司合营，兼并安化茶场全部资产。湖南省银行与私营华安、大中华等三家茶厂联合组设华湘茶厂于安化酉州，以加工黑茶砖为主，每年边销约 40 万片。此外，安化各地另有七家私营茶厂生产黑砖茶及其他茶。同年，王云飞编撰《制茶学》上下册，安化黑茶工艺第一次进入教科书。
1949 年	该年县内数百家茶商号倒闭歇业，熟土茶园面积仅 7 万亩，产量 2370 吨。

续表

年代	事件
1950 年	1月，中国茶业公司安化支公司在安化东坪成立。不久，建立安化红茶厂（湖南安化茶厂前身）。10月，黑砖茶厂由江南坪迁至小淹白沙溪，成立安化砖茶厂（湖南白沙溪茶厂前身，1953年3月更名为安化第二茶厂，1958年改为安化白沙溪茶厂，1965年1月改为湖南省白沙溪茶厂），建立安化茶叶试验场。同年，安化茶叶实验场副场长王云飞发明水力揉茶机，广受欢迎。同年，安化茶叶实行统购，农民不得对外出售茶叶和自由贸易。
1951 年	2月，湖南省人民政府发出布告：实行茶区按茶类划分生产收购，划区内不得生产其他茶类。安化划分的茶区是：云台红茶区，小淹黑茶区，芙蓉山红、黑、绿茶兼产区。划分的茶区一直到1985年止。
1952 年	年初，根据中央"产销分家"精神，茶叶生产、机械归农林部门掌握，收购加工由中茶公司经营，安化茶叶实验场由省农林厅接管。3月，省政府规定，安化县江南以西为红茶区、以东为黑茶区。由安化县供销社设置"茶叶收购站"统一收购初制毛茶，当年设黑茶收购站4个，红茶收购站6个，收购茶叶62964担。同年，白沙溪茶厂从江南边江招收刘应斌、刘雨瑞为正式职工，传授"千两茶"制作技术，当年制作千两茶40支。
1953 年	安化第二茶厂（白沙溪茶厂前身）试制茯砖茶成功，为湖南的第一块茯砖茶。3月，中国茶叶公司安化红茶厂改名为中国茶叶公司安化第一茶厂，安化砖茶厂改为中国茶叶公司安化第二茶厂。
1954 年	1月，中国茶业公司第一茶厂、第二茶厂合并，厂名为湖南省茶业公司安化茶厂。安化第二茶厂（白沙溪茶厂前身）改称白沙溪加工处。
1957 年	白沙溪加工处与安化茶厂分开，恢复"安化第二茶厂"。同年，全国供销合作社决定，省政府批准将"安化第二茶厂"由安化白沙溪迁益阳市改建成湖南益阳茶厂，1959年7月1日正式投产茯砖加工。在安化第二茶厂原址，设立益阳茶厂安化白沙溪精制车间，加工黑砖、花砖、天尖、贡尖和生尖茶。1965年元月将白沙溪精制车间更名为湖南省白沙溪茶厂，隶属湖南省进出口公司。
1958 年	湖南省白沙溪茶厂将花卷（千两茶）改制为花砖，改手制茯砖为机压茯砖。同年，安化江南人民公社制成黑茶初制机械。
1959 年	为了向国庆十周年献礼，安化县茶场在场长方永圭、技术员姜文辉主持下，创制名茶"安化松针"成功。
1960 年	茶学界提出"安化云台山大叶种"茶树品种概念。1965年被列为全国第一批21个国家级茶树优良品种之一。
1970 年	白沙溪茶厂按上级计划停止茯砖茶生产，交由益阳茶厂生产。1985年恢复茯砖茶业务。

续表

年代	事件
1973 年	县茶场及唐溪公社五一茶场先后选育出茶树新品系湘安 28、2、5、7、26、223 及唐茶 1、2、3 号。
1974 年	4 月，全国茶叶生产会议明确安化为全国茶叶重点县。
1975 年	县办五七大学茶叶专业，共招收两个班，1976 年毕业 41 人，1977 年毕业 44 人。
1978 年 9 月	《安化县茶叶志》载：参加中国土畜产进出口公司在长沙召开的全国红碎茶品质评比会上，在第四套国家标准样中，安化评出"品质优良茶" 14 个，烟溪茶厂生产的红碎茶 2 号是其中之一。
1978~1980 年	益阳茶厂采用高档原料生产湘一、湘二、湘三。
1980 年	3 月，安化县创办"安化县茶叶公司"，隶属县供销社。
1983 年	白沙溪茶厂恢复生产一批千两茶，共 300 支，随即停产。
1984 年	经国务院批准，除黑茶仍为二类物资实行派购，其余各种茶类，实行放开。7 月，谌小丰创办安化第一家民营茶叶企业"安化酉州茶厂"，生产黑砖茶等。
1985 年	2 月，益阳地区建成两家新的国家定点边销茶生产企业益阳县砖茶厂和桃江香炉山砖茶厂。
1988 年	安化白沙溪茶厂生产的"黑砖茶"获 1988 年国际首届食品博览会银奖，1995 年被中国茶叶协会推荐为中国茶叶名牌。
1990 年	白沙溪茶厂试制青砖茶获成功。
1994 年	7 月，安化县茶叶公司茶厂研制的"荷香茯砖"茶荣获蒙古国际食品加工贸易产品博览会金奖。同年，益阳茶厂注册"湘益"商标。
1996 年	益阳茶厂、白沙溪茶厂、临湘茶厂由湖南省茶叶总公司接管。
1997 年	白沙溪茶厂恢复千两茶生产。
1998 年	益阳茶厂开发"湘益"牌系列产品，主要有黑茶饼、极品茯茶、一品茯茶、特制茯茶、精品颗粒茯茶等，销往日本、韩国和国内大中城市。同年，白沙溪茶厂创制重 2000 克小包篓篓天尖、贡尖。
2000 年	益阳茶厂研制加碘茯砖成功，同年试制瓶装茯茶饮料成功。

年代	事件
2001 年	1月，台湾茶人曾至贤《方圆之缘——深探紧压茶世界》一书出版，书中称安化千两茶为"世界茶王"，并在坪林茶叶博物馆举办跨世纪"紧压茶之美"特展，举行隆重仪式开剥一支20世纪50年代产千两茶，此事在两岸茶界产生了显著的后续效应。
2002 年	安化金洋茶叶有限公司承包安化茶厂黑茶生产线，当年获评为边销茶定点企业。
2003 年	白沙溪茶厂恢复手筑茯砖生产，形成了2500克、100克、50克等多种规格。
2005 年	4月，中央电视台《鉴定》栏目展示一篓1953年生产的安化天尖茶，现场评估价值48万。
2006 年	10月，市委书记蒋作斌到安化视察，提出"要把茶产业打造成为一个富民强市的大产业"，益阳市委市政府成立了茶产业发展领导小组，出台了一系列政策措施。安化县委书记彭建忠提出以黑茶为重点发展安化茶产业的战略，同时成立了县茶产业茶文化开发领导小组和安化县茶业协会。
2007 年	安化县委、县政府下发《关于做大做强茶叶产业的意见》，明确提出了安化茶产业发展的指导思想、战略目标和政策措施。同年，益阳茶厂在北京马连道茶叶市场，开设第一家益阳茯茶专卖店。3月，益阳首届茶业协会成立，徐耀辉任会长。4月，省委书记张春贤专程到安化视察茶产业，指出"要做大做强做优湖南黑茶产业"。5月，益阳市政府决定成立益阳市茶叶局。6月，湖南白沙溪茶厂改制成股份制企业，更名为"湖南白沙溪茶厂有限公司"。7月，全国边销茶会议在益阳召开。8月，安化县申请"安化茶"、"安化黑茶"、"安化千两茶"注册商标。10月，益阳黑茶企业组团参加第四届中国国际茶业博览会，益阳茶厂的茯砖茶、白沙溪茶厂的千两、黑美人茶业的天尖千两茶、安化茶厂的天尖茶获得金奖。
2008 年	4月，湖南省质量技术监督局发布《安化千两茶湖南省地方标准》（DB43/389-2008），当年5月15日起正式实施。安化县被定为"国家级安化黑茶标准化生产示范区"。6月，益阳茯砖茶、安化千两茶制作工艺列入第二批国家级非物质文化遗传名录。10月，益阳黑茶组团参加第五届中国国际茶业博览会，益阳茶厂一品茯茶、白沙溪茶厂天茯茶、安化云台高家山茶厂天尖茶获金奖。
2009 年	2月，益阳市人民政府在长沙举办"庆元旦、迎新春"安化黑茶品茗会。10月，湖南省人民政府主办、益阳市人民政府承办，举办了首届中国湖南（益阳）黑茶文化节暨安化黑茶博览会，益阳市被中国茶叶流通协会授予"中国黑茶之乡"的称号。

年代	事件
2010 年	2 月，国家质检总局批准将安化黑茶列为地理标志保护产品。3 月，省委副书记梅克保到安化县考察黑茶产业。4 月，副省长甘霖到安化县考察黑茶出口创汇工作。5 月，中央电视台《走遍中国》栏目组来益阳现场录制安化黑茶宣传片。6 月，由湖南农业大学、市茶叶局、安化县农业局等单位组织制定的安化黑茶 6 个标准由省质量技术监督管理局作为省级地方标准予以发布实施。
2011 年	1 月，益阳市第一期茶叶检验员培训班在湖南农业大学举办。3 月，由张纪中执导的电视剧《菊花醉》剧组在安化县开拍。4 月，2011 年中国茶叶大会和首届中国茶叶区域公用品牌建设县市长高峰论坛会发布了《2011 年中国茶叶区域公用品牌价值报告》，"安化黑茶"品牌被评为 2011 中国最具带动力的茶叶区域公用品牌。5 月，湖南省安化黑茶欧洲行代表团在俄罗斯等欧洲 6 国成功举行安化黑茶推介活动。6 月，益阳市政府颁布实施《安化黑茶地理标志产品保护管理办法》。7 月，由湖南农业大学、益阳市茶叶局、安化县农业局等单位共同制定的《安化黑茶、黑毛茶》等 7 个湖南省地方标准由湖南省质量技术监督局发布实施。同月，韩国茶文化协会一行 12 人来益阳进行茶文化交流活动。8 月，安化县开展茶叶生产经营市场秩序专项整治行动，立案查处违法违规黑茶企业 16 家。10 月，在第七届中国茶叶经济年会上，安化、桃江两县被评为"2010 年全国重点产茶县"，其中安化县连续三年跻身全国重点产茶县十强，黑茶产量位列全国第一。11 月，国家工商总局授予"安化黑茶"中国驰名商标称号。12 月，安化成立全国第一所黑茶学校。
2012 年	3 月，省农业厅和益阳市政府在湖南农业大学联合举办"安化黑茶质量标准体系建设与审评技术"高级培训班。4 月，湖南省益阳茶厂有限公司"湘益"商标被认定为中国驰名商标。7 月，"茶叶之路"与城市发展中俄蒙市长峰会在二连浩特举行，益阳市与 20 多个到会城市共同签署《"茶叶之路"国际联盟章程》。9 月，由湖南省人民政府、中华全国供销合作总社共同举办的第二届中国·湖南（益阳）黑茶文化节暨安化黑茶博览会在益阳举行。
2013 年	《千两茶的制作方法》荣获 2013 年度湖南专利奖一等奖。湖南省举办了企业管理高级研讨班，并组织茶企负责人到云南省参观考察，学习外地先进经验。建设茶园 3 万亩，实现茶叶加工量 4.05 万吨，综合产值突破 60 亿元。
2014 年	安化县荣获"2014 年度中国茶业十大转型升级示范县"称号。成功举办安化黑茶产业发展科学家论坛。全面开展"全国安化黑茶产业知名品牌创建示范区"筹建工作。全国茶叶标准化技术委员会黑茶工作组于 2014 年 3 月 4 日在长沙正式成立。

续表

年代	事件
2015 年	"全国安化黑茶产业知名品牌创建示范区"正式挂牌。
2016 年	安化黑茶科研成果获国家、省级科技进步奖。安化荣登全国十大生态产茶县榜首。安化成为全国茶叶行业税收第一县。《花卷茶》、《湘尖茶》安化黑茶国家标准发布实施。湖南华莱、湖南中茶成为农业产业化国家重点龙头企业。

附录三

国部分黑茶企业名单

我国部分黑茶企业名单（排名不分先后）

省份	企业名称
湖南	湖南省白沙溪茶厂股份有限公司
	湖南省益阳茶厂有限公司
	湖南华莱生物科技有限公司
	湖南中茶茶业有限公司
	湖南久扬茶业有限公司
	湖南省怡清源茶业有限公司
	湖南省云上茶业有限公司
	湖南润和茶业集团股份有限公司
	湖南浩茗茶业食品有限公司
	湖南紫艺茶业有限公司
	安化道然茶业有限公司
	湖南万丰元茶业有限公司
	安化北纬三拾度茶业有限责任公司
	湖南边江源茶业有限公司
	安化县谭氏黑金茶业有限公司
	湖南省九成宫茶业有限责任公司
	安化县鸭耳湖茶业有限公司
	安化彭氏兄弟黑茶开发有限公司
	安化县石门潭茶业有限责任公司
	湖南盛世茗源茶业有限公司
	安化县德和缘茶厂
	湖南安化御品轩茶业有限公司
	湖南省高马山农业有限公司
	湖南古韵梅山茶业有限公司
	安化县亦神芙蓉茶业有限公司
	安化县褒家冲茶厂有限公司

续表

省份	企业名称
湖南	湖南省安化县德兴泰茶业有限公司
	湖南安化雪峰溪茶业有限公司
	湖南安化源羲黑茶有限公司
	安化县沔水四保茶业有限公司
	安化双龙溪茶业有限公司
	安化友信茶厂
	湖南钰华源茶业有限公司
	安化云台山八角茶业有限公司
	湖南省高马溪茶业有限公司
	安化县梦江南茶业有限公司
	安化六步溪茶业有限公司
	安化县麻溪茶业有限公司
	安化云台雾寒茶业有限公司
	湖南安化天植坊茶业有限公司
	湖南安化领峰茶厂
	湖南省普天春生物科技有限公司
	安化县五龙山茶业有限公司
	湖南山嵘有机生态茶业有限公司
	安化县渠之源茶业有限公司
	益阳市辉华茶叶有限公司
	湖南烟溪天茶茶业有限责任公司
	湖南易道茶业有限公司
	安化县湖南坡茶业有限公司
	安化县卷景坊茶业有限公司
	湖南省安化县四方坪茶业有限公司
	安化县传富茶业有限公司
	湖南安化老茶斗茶业有限公司
	安化金茂龙茶业有限公司

续表

省份	企业名称
湖南	湖南魁泰和茶业有限公司
	湖南安化县龙泉茗茶业有限公司
	湖南省千秋界茶业有限公司
	湖南梅山黑茶股份有限公司
	湖南华茗金湘叶茶业股份有限公司
	湖南安化县金峰茶叶有限公司
	湖南高家山茶业有限公司
	湖南国茯茶业发展有限公司
	安化县卧龙源茶业有限责任公司
	安化县云天阁茶业有限公司
	湖南阿香茶果食品有限公司
	湖南老顺祥茶业有限公司
	安化黑茗源茶业有限公司
	湖南建玲实业有限公司
	安化县御君康茶业有限公司
	安化县马路茶厂
	安化县古道湾茶业有限公司
	湖南皇园茶业有限公司
	安化县天泉茶业有限公司
	安化县茶亭湾茶业有限公司
	益阳冠隆誉黑茶发展有限公司
	湖南黑美人茶业股份有限公司
	安化县莲花山茶业有限公司
	安化县南金祥强源茶厂
	安化连心岭茶业有限公司
	安化吉祥山古茶茶业有限责任公司
	湖南碧丹溪茶业有限公司
	安化鸟儿尖茶业有限公司

续表

省份	企业名称
湖南	安化县宏毅栈茶业有限责任公司
	安化县华泰茶业有限公司
	安化县金道茶业有限公司
	湖南野境茶业有限公司
	安化县旭东南华山茶业有限公司
	湖南省金岭茶业有限公司
	安化席茶茶业有限公司
	湖南泉笙道茶业有限公司
	安化县安蓉茶业有限公司
	湖南省求喜茶业有限公司
	安化濂溪茶业有限公司
	湖南大域茶业有限公司
	湖南星火茶业有限公司
	湖南省临湘永巨茶业有限公司
湖北	湖北省赵李桥茶厂有限责任公司
	咸宁市柏庄茶业有限公司
	鑫鼎生物科技有限公司
	湖北洞庄茶业有限公司
	湖北谷城县汉家刘氏养生茶有限公司
	长阳昌生茶业有限公司
	湖北锦合国际贸易有限公司
	湖北羊楼洞茶业股份有限公司
四川	雅安茶厂股份有限公司
	四川吉祥茶业有限公司
	雅安市友谊茶叶有限公司
	雅安南路边茶商会
	雅安市蔡龙茶厂
	雅安市和龙茶业有限公司

续表

省份	企业名称
四川	四川雅安周公山茶业有限公司
	四川省雅安义兴藏茶有限公司
	四川省洪雅县松潘民族茶厂
	四川雅安市友谊茶叶有限公司
	雅安市名山县西藏朗赛茶厂
	四川省平武茶业有限责任公司
	四川省叙府茶业有限公司
	宜宾川红茶业集团有限公司
广西	梧州中茶茶业有限公司
	广西梧州茂圣茶业有限公司
	广西金花茶业有限公司
	广西梧州茶厂
	广西茗宝黑茶有限公司
	广西南宁市盛泰茶行
陕西	咸阳泾渭茯茶有限公司
	陕西怡泽茯茶有限公司
	西安道通天下茶业有限公司
	陕西泾阳右任故里茯砖茶有限公司
	陕西泾阳泾砖茶业有限公司
	陕西泾阳乐道茯茶有限公司
	陕西泾阳延寿宫茯砖茶业有限公司
	陕西泾阳县裕兴重茯砖茶业有限公司
广东	广州肖鸿茶业有限公司
	广州市八方茶园茶业有限公司
浙江	浙江武义骆驼九龙砖茶有限公司
	新昌县江南诚茂砖茶有限公司

续表

省份	企业名称
贵州	贵州省茶叶公司
	贵州省桐梓县金龙茶叶有限责任公司

参考文献
REFERENCE

1. 朱旗.茶学概论 [M].北京：中国农业出版社，2013.
2. 屠幼英.茶与健康 [M].西安：世界图书出版社，2011.
3. 蔡正安，唐和平.湖南黑茶 [M].长沙：湖南科学技术出版社，2007.
4. 肖力争，卢跃，李建国.安化黑茶知识手册 [M].长沙：湖南人民出版社，2012.
5. 李红兵.四川南路边茶 [M].北京：中国方正出版社，2007.
6. 宛晓春.茶叶生物化学（第3版）[M].北京：中国农业出版社，2007.
7. 江昌俊.茶树育种学 [M].北京：中国农业出版社，2005.
8. 詹成业，汪松能.茶叶加工技术 [M].北京：中国农业出版社，2011.
9. 方永建.茶树栽培技术 [M].北京：中国农业出版社，2011.
10. 施兆鹏.茶叶加工学 [M].北京：中国农业出版社，1997.
11. 夏涛.制茶学（第3版）[M].北京：中国农业出版社，2014.
12. 陈宗懋，杨亚军.中国茶经 [M].上海：上海文化出版社，2011.
13. 江用文.中国茶产品加工 [M].上海：上海科学技术出版社，2011.
14. 施兆鹏.茶叶审评与检验 [M].北京：中国农业出版社，2010.
15. 骆耀平.茶树栽培学 [M].北京：中国农业出版社，2008.
16. 刘勤晋.茶文化学（第2版）[M].北京：中国农业出版社，2007.
17. 刘铭忠，郑宏峰.中华茶道 [M].北京：线装书局，2008.
18. 李朴云.中国安化黑茶行业大家庭 [M].北京：中国广播影视出版社，2015.
19. 杨亚军.中国茶树栽培学 [M].上海：上海科学技术出版社，2005.
20. 彭高.临湘青砖茶 [J].茶叶通讯，2007，34（3）：45-46.
21. 陈智雄，齐桂年，邹瑶.黑茶调节脂质代谢的物质基础及机理研究进展 [J].茶叶科学，2013，33（3）：242-252.